图说瓜菜果树节水灌溉技术

主　编

张保东

编著者

代艳侠　陈宗光　芦金生　刘永新　刘艳军

曾　烨　高春燕　相玉苗　周　婕　郭月萍

金盾出版社

内 容 提 要

本书由北京市大兴区农业科学研究所专家编著。本书介绍了我国节水农业概况、农艺节水技术、工程节水技术、管理节水技术、滴灌设备、滴灌施肥技术、瓜菜节水灌溉施肥技术和果树节水灌溉技术等8个部分，并针对不同作物采用的不同节水方法进行分析。本书以图文结合的形式向读者介绍灌溉技术，共收集了200余幅数码照片，均为作物节水灌溉田间操作实例。适合广大菜农、果农和农业灌溉科研与生产单位技术人员阅读参考。

图书在版编目(CIP)数据

图说瓜菜果树节水灌溉技术/张保东主编. — 北京：金盾出版社，2012.2(2018.4重印)

ISBN 978-7-5082-6919-1

Ⅰ.①图⋯　Ⅱ.①张⋯　Ⅲ.①农业灌溉—节约用水—图解　Ⅳ.①S275-64

中国版本图书馆 CIP 数据核字(2011)第 045056 号

金盾出版社出版、总发行

北京市太平路 5 号(地铁万寿路站往南)
邮政编码：100036　电话：68214039　83219215
传真：68276683　网址：www.jdcbs.cn
北京军迪印刷有限责任公司印刷、装订
各地新华书店经销

开本：850×1168 1/32　印张：3.5　字数：55 千字
2018 年 4 月第 1 版第 4 次印刷
印数：17 001～20 000 册　定价：15.00 元

前　言

我国农业灌溉用水占全国用水总量的 80% 以上，而灌溉水的有效利用率只有约 40%，即有 60% 左右的水不能被作物利用。因此，节水首先要抓农业灌溉节水。农业灌溉节水要解决的中心问题是，在灌溉农业中如何做到节约灌溉用水的同时实现作物高产，在旱作农业中如何做到对降水的充分利用或增加少量补充供水以达到显著增产。农业部副部长洪绂曾说，抓好节水灌溉和机械化旱作农业技术的推广应用，是北方旱作地区粮食生产稳定增长的关键。

就北京市而言，种植业用水约占农业用水的 85%，约占全市用水量的 40%，到 2012 年种植业用水比例将被压缩至 26%。目前，北京市的蔬菜播种面积为 12 万公顷，果园面积为 9 万公顷。但生产中系统的节水技术应用较少，管道输水、滴灌、微喷灌等技术的应用尚不普及，畦灌仍然比较普遍，大部分地区的灌溉用水超出作物需水的 50%。基于目前的严峻形势，用水量大、存在浪费、具有节水潜力的瓜菜、果树等已经成为农业节水的重点。

为缓解水资源紧缺现状，加强农业节水技术的示范推广，全面提升水资源的利用率和水分生产效率，加强节水型农业建设成为首都农业可持续发展的必经之路。针对目前瓜菜、果树大田生产中大水、大肥等不合理的水肥浪费现状，笔者编写了《图说瓜菜果树节水灌溉技术》一书。本书介绍了我国节水农业概况、农艺节水技术、工程节水技术、管理节水技术、滴灌设备、滴灌施肥技术、瓜菜节水灌溉施肥技术和果树节水灌溉技术，针对不同作物采用的不同节水方法进行分析。结合生产实际，本书收集了200余幅作物节水灌溉操作实例数码照片，用4万余字，以图文并茂的形式为读者展示了全新的节水灌溉技术，供广大读者参考。由于笔者水平所限，不妥与欠缺之处，恳请广大读者批评指正。

编 著 者

目　录

一、我国节水农业概况

（一）节水农业的分类

节水农业是指节约和高效用水的农业，即在农业生产过程中通过应用农艺、工程、生物和管理等措施，综合提高自然降水和灌溉水利用率及其生产效益的农业生产体系。

1. 工程节水

（1）农用水资源合理开发利用　降水是旱地农业最重要的水源，也是灌区农业重要的水源。受多种因素影响，我国降水有效利用率远比发达国家低，目前仅有约50%。开发雨水收集、增加土壤水库库容应是今后节水农业的重要课题。

地表水、地下水合理利用是水资源合理开发的根本途径。关键是合理调控地下水埋深，协调统一旱与涝、灌与排、采与补的矛盾。我国科技人员虽研究出一整套旱季适当开采浅层地下水、调控地下水埋深、拦蓄汛期降水、减少地面径流，促使降水转为土壤水、地下水的技术体系。但由于目前我国不合理和无序开采深层地下水，浪费浅层地下水，采补严重失衡现象严重存在，不断出现地下水漏斗区，有些漏斗区达到40～100米深。

劣质水(污水、微咸水)合理利用是目前国内节水农业有待探索的新课题(图1-1)。据统计，1998年我国

图1-1　利用污水灌溉农田节约地下水资源

污水排放量 593 亿米^3，还有可开发利用的矿化度 2～3 克／升的地下微咸水资源 130 亿米^3。目前我国劣质水灌溉面积达 333 万公顷，其中黄、淮、海、辽河四流域占 85%。河北省中、东部平原推广应用淡、咸水混浇技术，已使该地区耕地水资源增加 34 米^3／667 米^2，大大提高了该地区水资源利用程度。

（2）输水工程　我国农业用水中输水系统水分损失占灌溉用水总损失量的主要部分，一般输水损失量达到 50%。管道输水可大幅度减少输水损失。但目前我国管道输水灌溉面积不大，仅有 200 万公顷（图 1-2）。

（3）田间灌溉　我国已开发应用喷灌、滴灌、渗

图 1-2　管道输水可减少输水损失

灌等技术，这些新技术比地面灌溉节水 30%～70%，增产 10%～60%。但由于这些技术一次性投资较高，因而应用面积受到很大限制，目前仅有 147 万公顷。为降低灌溉成本，我国科技人员引进和开发出一些实用灌溉技术，包括小畦灌、定额灌、波涌灌、隔沟灌、膜上灌、膜下灌等，实现节水 10%～50%，增产 10%～30%。目前，这类节水灌溉面积已近 2 000 万公顷。

（4）雨水集蓄利用　我国从 20 世纪 50 年代就开始利用雨窖收集雨水补充灌溉庭院经济作物。"九五"期间，在蓄水工程的形式和结构、雨水集蓄应用模式、非充分灌溉研究应用等方面取得了大量成果。"十五"期间，又成功研究出以雨水存储和高效利用为核心的集蓄利用应用模式，并在全国 560 万处小型蓄水工

程中得到应用（图1-3）。

（5）喷灌、微灌 "十五"期间，我国在微灌系统关键设备和产品研发上取得突破性进展，开发了滴头水力与抗堵塞性能综合测试平台、片式内镶补偿滴头，突破了材料配方和滴头粘接难点，填补了国内无专用地下滴灌管的空白。取得了拥有自主知识产权的棉花膜下滴

图1-3 膜面集雨充分利用雨水灌溉节约地下水资源

灌技术，并在新疆地区得到了大面积推广（图1-4）。

图1-4 棉花滴灌可节水60%

2. 农艺节水

（1）覆盖保墒 降低无效蒸发是提高农业用水效率的重要技术途径，具体是减少土壤蒸发和作物奢侈蒸腾。地面覆盖是减少土壤水分蒸发和提高农田水分有效性的重要技术措施，它不仅能抑制土壤水分的蒸发，减少地表径流，蓄水保墒，还能保护土壤表层，改善土壤物理性状，培肥地力，因而可促进作物生长发育，实现高产稳产（图1-5）。

（2）水肥协调 增施肥料、培肥地力、以肥调水的核心是改善土壤物理性状，建设高效土壤水库，实现以肥促根，以根调水，提高有限水用水潜力。据有关研究资料，通过调节土壤养分

图1-5 覆盖保墒减少无效蒸发

可以获得较大的水分利用效率，使水分利用率增加10%～40%，同时可获得较高的作物增产效应。

（3）耕作保墒　耕作保墒是传统抑制土壤水分蒸发的技术，耗资少，技术简单，易于推广，节水效果显著，是节水农业技术的一个重要方面。目前国内耕作技术已开始逐步由多耕多耙，向少耕、免耕发展，节能、节水养土效果更加明显，同时可大幅度降低坡耕地水土流失，减少径流10%～25%，提高土壤水分含量1%～2%，减少蒸发15%～30%（图1-6）。

（4）节水制剂与材料　目前，国内研究出秸秆纤维的溶胀和交联技术、研发出一批生物集雨营养调理剂、多功能生物种衣剂、新型保水剂、新型防水保温材料、新型液膜材料等节水制剂和

图1-6 免耕播种是农业节水的重要举措

材料等。保水剂可在果树、蔬菜及小麦、玉米、花卉等作物上应用，它可吸收300～500倍的水分，并保存在土壤中，在干旱时逐渐释放，是农艺节水比较好的产品。

3. 生物节水　有关资料表明，通过调整作物布局，减少耗水作物种植面积，扩大耐旱作物面积，建立适应性抗逆性种植制度，一般可使农田整体作物水分利用效率提高0.15～0.26千克／米^3，

增产15%～30%。例如，果树隔行交替灌溉，对提高果树的水分利用效率有重要的实践意义（图1-7）。培育抗（耐）旱高产品种不

仅是现代作物育种的新方向，还是提高农业用水效率的不可或缺的举措。

4．管理节水

节水灌溉制度是根据农作物的生理特点，通过灌溉和农艺措施，调节土壤水分，对农作物的生长发育实施促、控管理，以获得最佳经济产量的灌溉方式，具

图1-7　果树交替灌溉是生物节水的有效措施

有投入低、见效快、适合我国国情的特点。一般农民要通过三看进行管理。即看天、看地、看苗情进行合理灌溉。精确的方法一般采用土壤墒情监测或安装张力计来观察土壤墒情（图1-8）。

图1-9　通过土壤墒情监测查看墒情

（二）节水农业发展前景

1. 农业节水的现状

（1）水资源短缺，农业增水能力有限　我国多年平均水资源总量约28 100亿米³，占世界水资源总量的8%。人均水资源占有量约2 200米³，相当于世界平均水平的1/4，被联合国列为13个严重缺水的国家之一。现阶段单位耕地面积的水资源量为世界平均水平的80%，而单位灌溉面积的水资源量仅为世界平均水平的19%。因缺水以及由此引发的灌溉成本逐年上升。据预测，到2030年我国农业缺水将达到500亿～700亿米³。

（2）水资源枯竭，水质严重恶化　在我国华北平原井灌区，由于耕作制度的改变，自然降水的低效利用不能满足农业生产的需要，亏缺部分全靠超采地下水来补充，造成地下水连年连片下降，京津、衡水、沧州、德州的地下水漏斗已连成一片，面积超过3.2万公顷，中心处水位降至地面以下70～90米（图1-9）。超采地下水资源已经给我国北方灌溉农业的发展构成严重威胁。同时，日益严重的水污染，使本来已十分紧缺的水资源犹如雪上加霜，加剧了水资源的紧缺程度，制约着优质农业的发展。

图1-9　无序开采地下水资源

（3）水资源利用不合理，利用率和利用效率低　一是灌溉定额严重超标。传统的灌溉模式导致实际灌水量达到450～500米³/667米²，连同降水超过作物需水量的1倍，有的甚至2倍，浪费极为严重

（图1-10）。二是水的利用率低。我国农田灌溉中渠灌面积占75%，渠灌区渠系损失达50%。农田蒸发损失17%，实际利用量仅有33%。三是农业用水的效率不高。据估算，我国农田水分利用效率平均值为0.8千克／米³，仅相当于发达国家的40%。

2. 节水农业的发展对策

（1）由就节水论节水向提高水资源利用效率和效益上转变　传统意义的农业节水，主要指减少水在输送和灌溉过程中的渗漏等浪费，

图1-10　大水漫灌造成水资源严重浪费，水分效率低

方式则主要通过开展喷灌、滴灌等节水措施。而高效节水的实际意义在于减少水资源的无效损失量，提高单位水资源的利用效率和利用效益，达到农田真实节水的目的。因此，农业节水应包括提高自然降水、灌溉水的利用效率和效益两个方面，提高农业用水的有效性和农业产出效益，改变单纯就节水论节水的倾向，把提高农业节水效益放在突出位置。

（2）从注重工程措施向采取综合措施转变　工程节水的目标是提高灌溉水的输送效率，并不能达到真正意义的水资源节约。而农艺节水，是防止作物无效蒸腾，减少地表蒸发和水土流失，增加土壤蓄水，是真正意义上的节水（图1-11）。农业节水必须将工程措施与农艺、农机、生物、化学等措施相结合，改变重工程措施轻非工程措施的倾向。建立和完善田间蓄水、抗旱保水、节灌补水和土壤培肥等综合节水技术体系，增强抗旱能力。

（3）由单一模式向多种模式上转变　坚持节水技术适应当地

农业实际情况的发展。农业节水技术种类繁多，应加强对不同地区的调查研究，结合当地主要优势作物种植带，因地制宜，建设不同的节水农业设施，推广不同的节水农业技术。农民是节水的主体，节水农业的发展关键是调动农民的积极性，把节水变为农民自觉自愿的行为。

图 1-11　地膜覆盖防止作物水分无效蒸腾，减少地表蒸发和水土流失

二、农艺节水技术

（一）膜下沟灌技术

1.整地做畦 先开沟，将 2/3 有机肥施入沟底，合土后地面再施入 1/3 有机肥，最好用旋耕机旋耕混合土、肥。然后中间开小沟，成"M"形，沟深 25 厘米左右，沟宽按作物种类而定。一般黄瓜株距 25 厘米，行距 65 厘米，密度 4 100 株 /667 米^2。番茄株距 30～45 厘米，行距 65 厘米，密度 2 300～3 000 株 /667 米^2（图2-1）。

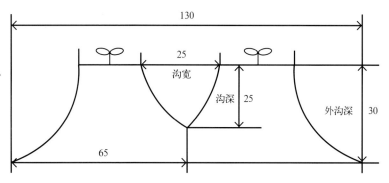

图2-1 "M"畦膜下沟灌尺寸（厘米）

膜下沟灌技术具有投资少，操作方便，实用、节水、节肥，能降低棚内湿度，减少病害发生等特点。每 667 米^2 需 50 元左右地膜费用，即可改变原有的灌溉方式，实现"M"畦膜下沟灌，与传统的大水漫灌相比可节水 40%。

2.覆 膜 将竹劈(有条件的可用直径 4 毫米的不锈钢丝或

图 2-3 将铁丝盘成拱形覆膜，在沟内浇水

铁丝）盘成半圆拱形，插在"M"畦上，把地膜撑起，再把 0.008 毫米白色地膜或黑色地膜铺在做好的"M"畦上，将秧苗定植在"M"畦沟顶上，在沟内浇水（图 2-2）。

3. 浇　水　在"M"畦的一头开一小水沟或用水管将水引入"M"畦内灌溉，每次每 667 米^{2}灌水量可控制在 $10 \sim 20$ 米^3，

既省水又可降低棚内湿度，特别是在早春定植，少浇水可提高地温，使秧苗提早缓苗，同时减少了病害的发生。在作物提苗、坐果期，需追肥时将追施的肥料随水冲施在"M"畦内，按滴灌冲肥的方法，少量多次进行，实现水肥一体化，肥料利用率就高了。据统计，使用"M"畦膜下沟灌技术冲肥，灌溉果类瓜菜每 667 米^{2}可节肥 $10 \sim 12$ 千克，节水 $50 \sim 80$ 米^3。如果控制得好与滴灌灌水量基本持平，是目前没有滴灌条件下节水灌溉的好方法（图 2-3 至图 2-5）。

图 2-3 番茄"M"畦膜下沟灌栽培

图 2-4 黄瓜采用"M"畦膜下沟灌效果

图 2-5　茄子采用"M"畦膜下沟灌效果

（二）膜上沟灌技术

1. **整地做畦**　先开沟，将 2/3 有机肥施入作物沟底，合土后地面再施入 1/3 有机肥，最好用旋耕机旋耕混合土、肥，将沟底做成圆缺状（图 2-6）。小型西瓜平均株距 40 厘米，行距 135 厘米，密度 1 300 株 /667 米 ^{2}（图 2-7）。一般在夏季种植白萝卜、番茄、生菜等，也可以将作物沟挑成炕面状，做成弧形，拱高 15 厘米即可（图 2-8）。采用浇沟向上渗水的方法可节水 30%。

图 2-6　开沟施肥将沟底做成圆缺状

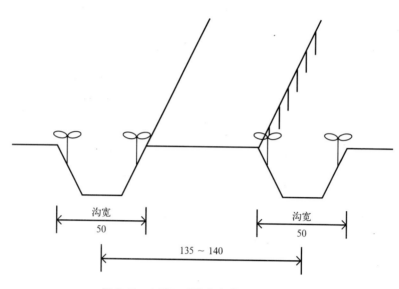

图 2-7　小型西瓜膜上沟灌尺寸（厘米）

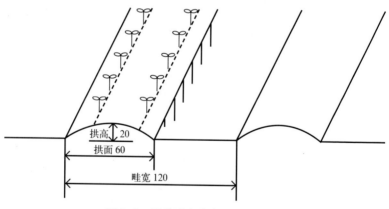

图 2-8　番茄膜上沟灌尺寸（厘米）

　　2. 覆膜　将做好的畦面覆膜，一般要求全部覆膜，以防止水分无效蒸发和滋生杂草（图 2-9）。也可在浇水沟底预留 10～15厘米渗水带（图 2-10），或将沟底戳洞。

图 2-9　膜上沟灌覆膜

图 2-10　将浇水沟预留 15 厘米渗水带

3. 浇水　将秧苗定植在沟底上部，尤其是在早春可有效提高地温。灌溉时不要让水没过秧苗根部，每 667 米^2 灌溉 10 ~ 15 米^3 即可。

（三）节水型畦灌技术

目前，宽畦大水漫灌现象仍然存在。据统计，在沙壤土地采用宽畦种植大椒，每 667 米^2 每次灌水量为 68 米^3，全生育期灌溉 7 次，灌水量共计 476 米^3，造成水源的极大浪费。将长畦改为短畦（图 2-11）、宽畦改为窄畦（图 2-12），成为目前农民改变传统种植模式的重要课题。例如，同样是种植大椒，节水型畦灌每 667 米^2 每次灌溉 30 米^3，全生育期仍然是灌溉 7 次，仅用水 210 米^3 水，节省了 55.9%。

图 2-11　长畦改短畦

图 2-12　宽畦改窄畦

13

（四）化学抗旱节水技术

化学抗旱制剂包括四大类：一是保水剂和抗旱型种子复合包衣剂；二是土壤结构改良剂、土面覆盖剂；三是叶面抗旱剂（蒸腾抑制剂）；四是水面抑制蒸发剂。保水剂和抗旱型种子包衣剂主要在产前用作种子包衣和幼苗根部涂层；土壤结构改良剂主要与土混合，改良土壤结构增加蓄水；土壤覆盖剂主要是对土面喷施覆盖减少蒸发；叶面抗旱剂主要是叶面喷施后能控制植物气孔开启（图2-13）；水面抑制蒸腾剂是对裸露水面喷施能形成单分子膜抑制水分蒸发。

图2-13 喷洒叶面抗旱剂，防止植物气孔开启

1. 叶面抗旱剂　叶面抗旱剂也称为抗蒸腾剂，可分为代谢型、薄膜型和反射型3类。

（1）代谢型抗旱剂　一些除草剂、杀菌剂、植物生长调节剂、代谢抑制剂等物质通过参与代谢，引起气孔关闭，从而达到降低蒸腾作用的目的（图2-14）。

（2）薄膜型抗蒸腾剂　由硅酮类、聚乙烯、聚氯乙烯、石蜡乳剂等物质组成。这些物质能在植物表面形成一层薄膜，封闭气孔口，

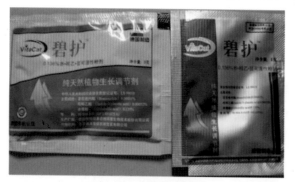

图2-14　代谢型抗旱剂

阻止水分透过，从而降低蒸腾。

（3）反射型抗蒸腾剂　通过反射无效光合辐射，降低叶温，从而降低蒸腾，而光合作用基本不受影响。目前应用较广泛的是高岭土。

2. 保水剂　保水剂又成为土壤保水剂、高吸水剂、保湿剂、高吸水性树脂、高分子吸水剂，是利用强吸水性树脂制成的一种具有超高吸水、保水能力的高分子聚合物。它能迅速吸收比自身重数百倍甚至上千倍的去离子水、数十倍至近百倍的含盐水分，

而且具有反复吸水功能，吸水后膨胀为水凝胶，可缓慢释放水分供作物吸收利用，从而增强土壤保水性，改良土壤结构，减少水的深层渗漏和土壤养分流失，提高水分利用率。保水剂是调试土壤水、热、气状况，改善土壤结构，提高土壤肥力的有效手段（图2-15）。

图2-15　保　水　剂

保水剂的使用应根据种植地的地质地貌条件，土壤性质、气候条件、水源的供应条件，针对不同植物种子和种植方式、采用不同的型号、配方和方法。一般玉米、花生、甘薯每667米^{2}施用1～1.5千克（图2-16至图2-18），果树每667米^{2}施用1～2千克。

图2-16　将保水剂与基肥一起混合随播种机播入玉米田中

图2-17　每667米^{2}花生条施1千克保水剂

图 2-18　每 667 米^{2}甘薯条施 1.5 千克保水剂

保水剂使用方法有以下几种。

（1）拌种包衣　当土壤含水量（质量含水量）为 12%～14% 时，采用保水剂拌种包衣效果好，而在适宜的土壤水分条件下，拌种包衣出苗效果则不明显。需要注意的是，用保水剂处理过的种子，播前也要整地均匀，保证播种时的土壤水分含量，以提高播种质量。

①拌种。在作物播种时，用质量百分比浓度为 0.5%～2% 的保水剂溶液拌种，即按保水剂：水：种子 =1：50～200：100 的质量比进行拌种（图 2-19）。

②种子包衣。先用水湿润种子，干种子喷水量为种子质量的 5%～7% 为宜。然后按保水剂：填充剂（滑石粉）：种子 =1.5：1.5：100 的质量比，将一定量的保水剂和等量的填充剂混合均匀；将放在纱布内的混合物均匀抛撒在铺成一薄层的种子上，保水剂立即牢固地黏附在种子表面，稍后即可播种。

图 2-19　用保水剂拌种包衣

（2）直接使用　土壤含水量在 12%～14% 为宜，土壤过湿会造成吸水量过大，使土壤透气不良，降低土温，引起烂籽烂根。

①条播作物。对土壤先进行翻耕，然后在土壤表面撒上适量的保水剂，在 15～20 厘米深度内将保水剂与土壤混合均匀后即

可播种。

②点播作物。对土壤先进行翻耕，然后在每坑放适量的保水剂，并与土壤混合，即可播种。无论是条播还是点播，保水剂用量以占混合土壤质量的 0.3% ~ 0.5% 为宜（图 2-20）。

③果树基施。以树冠的投影为准，沿其投影边缘挖宽为 10 ~ 15 厘米的长条坑，深度以露出部分根系为准。坑与

图 2-20　保水剂条施

坑间距为 50 ~ 60 厘米，将距坑底 10 厘米处的土与保水剂拌匀，回填后充分灌水，再将剩余部分回填压实，能充分利用水资源，保墒增产。建议每棵果树施用 50 克左右，如果与肥料同时基施，建议将肥料置于保水剂之上，肥料与保水剂间用土隔开。

（五）隔离槽栽培技术

隔离槽式栽培技术的优点在于：一是尤其适合于恶劣的土壤条件如盐碱地、沙土地；二是可避免连作障碍；三是节省养分和水分，一般节约水分 30% ~ 60%；四是劳动强度小，有利于蔬菜进行工业化生产；五是可作为研究手段。

隔离槽栽培节水技术包括隔离槽建设、栽培基质填充、滴灌系统安装等过程（图 2-21）。

1. **隔离栽培槽**　可分为

图 2-21　隔离槽栽培技术

永久性的水泥槽、半永久性的木板槽、砖槽、竹板槽等，最好选用砖砌槽，不要砌死。在没有标准规格的成品槽时，可因地制宜地采用木板、木条、竹竿、砖块或泡沫塑料板等建槽（图2-22和图2-23）。当种植植株高大的瓜果类蔬菜时，槽宽48厘米，可供栽培2行作物，栽培槽之间的距离为0.8～1米（图2-24）。如栽培植株矮小的叶类蔬菜时，栽培槽的宽度可为72～96厘米，两槽相距0.6～0.8米。槽边框高度为15～20厘米（图2-25）。建好槽框后，在其底部铺一层0.1毫米厚的聚乙烯塑料薄膜，以防止土壤病虫害传染和水分的流失。槽的长度可依保护地的覆盖条件而定（图2-26）。槽内铺放基质，铺设滴灌软管，栽植2行作物，水肥通过干管、支管及滴灌软管灌滴于作物根际附近（图2-27）。

图2-22　用石棉瓦、竹劈制作沟槽

图2-23　砖砌槽，沟旁抹水泥

图2-24　双行种植西瓜

图2-25　栽培植株矮小的叶类蔬菜沟槽

图2-26　建好的隔离槽

图2-27　栽植2行作物，水肥通过干管、支管及滴灌软管灌滴于作物根际附近

2．栽培基质　采用基施精制有机肥加追施滴灌专用配方肥的营养方式，既成本低廉、使用方便，又能充分发挥隔离式栽培节水增产节肥、避免连作障碍等优点。一般常用的基质材料有草炭、蛭石、珍珠岩、粉碎的作物秸秆、碳化的稻壳、牛粪、煤渣、蘑菇渣等（图2-28）。有机肥采用鸡粪等养分含量高的肥料，使用比例为膨化鸡粪6%，腐熟优质有机肥10%，同时每667米^{2}的基质掺入50千克多元复合肥。常用的基质配方有：草炭∶蛭石∶珍珠岩=2∶1∶1；草炭∶炉渣=2∶3；草炭∶玉米秸∶炉渣=2∶6∶2；玉米秸∶蛭石∶蘑

图2-28　根据情况选用草炭、珍珠岩、蛭石作基质

菇渣=3∶3∶4；玉米秸∶菇渣∶炉渣=2∶2∶1。

3．槽式栽培管理技术　根据市场需要和茬口安排，确定栽培的作物种类与品种，并确定适宜的播种日期和定植日期。育苗技术及定植后的温湿度管理、植株调整的方法均与一般种植要求相

同。育苗时需采用营养钵配置营养土的方法培育壮苗(图 2-29)。

图 2-29 育苗时需采用营养钵配置营养土的方法培育壮苗

在番茄、黄瓜等果菜定植后 20 天内不必追肥,只需浇清水即可。为获得高产效益,之后还应追施一定量的化肥,每次每立方米基质的追肥量是:全氮 80～150 克、全磷 30～50 克、全钾 50～180 克,随水滴灌,或将其均匀地撒在距根 10 厘米以外的周围随水冲施。每隔 10～15 天追施 1 次。水分管理可根据基质含水状况调整每次的灌溉量。无土栽培作物一般都在保护地中进行管理。为获得优质、高产的产品,一般要选用耐低温的优良品种,加强保护地温湿度的管理,人工增施二氧化碳,及时进行植株调整和人工辅助授粉,或引进熊蜂授粉,按时采收和及时进行病虫害防治等一整套综合措施。

(六) 有机培肥保墒技术

有机肥在提高土壤地力、保持土壤墒情、改良土壤结构等方面具有化学肥料无法比拟的优点,是农业生产尤其是有机食品生产不可缺少的生产资料(图 2-30)。在农业生产中,主要是沿用传统农家肥的经验方式,大量集中使用有机肥,并未充分考虑土壤、肥料和作物三者之间的关系合理使用有机肥。目前,有机肥使用方面存在以下几个方面的问题:一是生粪直接使用,导致烧苗及农产品大肠杆菌及蛔虫卵残量超标。二是过量使用有机肥,致使土壤中磷、钾等养分大量聚积,造成土壤养分不平衡,土壤中硝酸根离子聚积,致使作物硝酸盐含量超标。三是有机肥、无机肥配合不够，如果只施有机肥，作物生长关键时期则不能满足养分需求，导致作物减产（图2-31）。因此，在综合节水配套技术应用中，大力推广达标合格有机肥是农业安全生产、土壤培肥保墒的重要保证。

图2-30　使用腐熟有机肥

图2-31　传统生粪入地的错误施肥做法

　　1.有机肥的发酵　有机肥一般可在家中自行发酵，将牛粪、鸡粪、猪粪等与粉碎的秸秆、树叶、杂草等混合后堆沤（图2-32），也可加一些过磷酸钙可提高磷肥利用率，当温度达到60℃～70℃时，一般可杀死杂菌，保持1周翻堆，使秸秆腐熟即可使用（图2-33）。

图2-32　堆沤有机肥

图2-33　腐熟的有机肥

2.有机肥的合理使用　有机肥具有化学肥料不可比拟的优点，它不仅肥效长久，还含有大量的微量元素。但过量施用有机肥也会同过量施用化肥一样产生危害，其表现为作物根部吸水困难，易发生烧根黄叶、僵苗不长、叶片畸形等病状，严重后果是

作物逐渐萎缩而枯死（图2-34）。主要是过量施用有机肥造成土壤中缺水、养分不平衡，使土壤中硝酸离子成分聚积，硝酸盐含量超标，从而使作物发生肥害。

建议采用测土配方施肥，根据种植不同的作物，合理施用肥料以免造成不必要的浪费。

图2-34　过量施用有机肥造成烧苗缺水现象

（七）地膜覆盖保墒技术

1.地膜覆盖的优点　地膜覆盖种植技术具有提墒、保墒、增温、保温、蓄水和改善光照条件、促进作物早熟高产、抑制土壤的棵间蒸发、改善土壤微生物活动与物理性状，以及抑制膜内杂草生长等多方面的综合作用。

2.地膜覆盖的方式　依当地自然条件、作物种类、生产季节及栽培习惯不同而异。

（1）平畦覆盖　畦面平，有畦埂，畦宽1～1.65米，畦长依地块而定。播种或定植前将地膜平铺畦面，四周用土压紧，或是短期内临时性覆盖（图2-35）。覆盖时省工，容易浇水，但浇

水后易造成畦面淤泥污染。覆盖初期有增温作用，随着污泥的加重，到后期又有降温作用。一般多用于种植葱头、大蒜以及高秧支架的蔬菜，果林苗木扦插也采用。

（2）高垄覆盖　畦面呈垄状，垄底宽 50～85 厘米，垄面宽 30～50 厘米，垄高 10～15 厘米。地膜覆盖于垄面上，垄距50～70 厘米，每垄种植单行或双行甘蓝、莴笋、甜椒、花椰菜等。高垄覆盖受光较好，地温容易升高，也便于浇水，但旱区垄高不宜超过 10 厘米（图 2-36）。

图 2-35　平畦覆盖栽培

图 2-36　高垄覆盖栽培

（3）高畦覆盖　畦面为平顶，高出地平面 10～15 厘米，畦宽 1～1.65 米。地膜平铺在高畦的面上。一般种植高秧支架的蔬菜，如瓜类、豆类、茄果类以及粮、棉作物。高畦高温增温效果较好，但畦中心易发生干旱（图 2-37）。

（4）膜下滴灌　地膜覆盖与滴灌相结合，称为膜下滴灌。膜下滴灌是把工程节水（滴灌技术）与农艺节水（覆膜栽培）

图 2-37　高畦覆盖栽培

两项技术集成的一项农业节水技术，将滴灌带（毛管）铺于地膜之下，即在滴灌带或滴灌毛管上覆盖一层地膜，同时连接管道输水等其他先进技术，构成膜下滴灌系统工程，是一项节水增效的农田灌溉技术（图2-38）。

图2-38　膜下滴灌栽培

（八）新型地面灌溉技术

精细地面灌溉方法的应用可明显改进地面畦（沟）灌溉系统的性能，具有节水、增产的显著效益。高精度的土地平整可使灌溉均匀度达到80%以上，田间灌水效率达到70%～80%，是改进地面灌溉质量的有效措施。

1. 平整土地，设计合理的沟、畦尺寸　平整土地是提高地面灌水技术和灌水质量，缩短灌水时间，提高灌水劳动效率和节水增产的一项重要措施。结合土地平整，进行田间工程改造，改长畦（沟）为短畦（沟），改宽畦为窄畦，设计合理的畦沟尺寸和入畦（沟）流量，可大大提高灌水均匀度和灌水效率。

2. 改进地面灌溉湿润方式，发展局部湿润灌溉　改进传统的地面灌溉全部湿润方式，进行隔沟（畦）交替灌溉或局部湿润灌溉（图2-39），不仅减少了棵间土壤蒸发占农田总蒸散量的比例，使田间土壤水的利用效率得以显著提高，而且可以较好地改善作物根区土壤的通透性，促进根系深扎，有利于根系利用深层土壤储水，兼具节水和增产双重特点。

3. 改进放水方式，发展间歇灌溉

改进放水方式，把传统的沟、畦一次放水改为间歇放水。间歇放水使水流呈波涌状推进，由于土壤孔隙会自动封闭，在土壤表层形成一薄封闭层，水流推进速度快。在

图 2-39　改变地面灌溉方式发展局部湿润灌溉

用相同水量灌水时，间歇灌水流前进距离为连续灌的 1～3 倍，从而大大减少了深层渗漏，提高了灌水均匀度，田间水利用系数可达 0.8～0.9。

4. 膜上沟灌和膜下沟灌

（1）膜上沟灌　膜上沟灌是将地膜平铺于畦中或沟中，畦、沟全部被地膜覆盖，从而实现利用地膜输水，并通过作物的放苗孔和专业灌水孔入渗给作物的灌溉方法。由于放苗孔和专业灌水孔只占田间灌溉面积的 1%～5%，其他面积主要依靠旁侧渗水湿润，因而膜上灌实际上也是一种局部灌溉（图 2-40）。

地膜栽培和膜上灌结合后具有节水、保肥、提高地温、抑制杂草生长和促进作物高产、优质、早熟等特点。生产实践表明，瓜菜节水 25% 以上。

图 2-40　膜上灌溉栽培

（2）膜下沟灌技术　　膜下沟灌技术是一种能够起到节水、节肥、减低湿度，减轻病害，提高蔬菜产量和质量的作用，是目前容易推广的一项节水灌溉技术。它与地面灌溉相比节水40%左右。

图2-41 "M"畦膜下沟灌（起垄栽培）

膜下沟灌技术的两种盖膜方式：一是可以选用起垄栽培。一般垄高 10 ～ 15 厘米。每垄的畦面上可以种植 2 行蔬菜，两行之间留 1 个浅沟，俗称"M"畦。把膜铺在畦面上，两边压紧，在膜下的浅沟内浇水走水。把植株定植在垄上（图2-41）。二是挖定植沟栽培。在定植沟内栽 2 行蔬菜，定植后把膜铺在定植沟上，以后在膜下浇水。无论以上那种盖膜方式，都要选择好地膜的宽度（图2-42）。

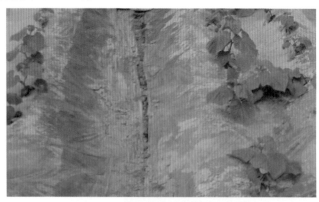

图2-42　膜下沟灌（挖定植沟栽培）

三、工程节水技术

工程节水是指通过工程的手段对农田需水与供水过程进行水量的控制与调节，实现最优化的供求关系与供需平衡。目前，最普遍应用的有灌区改造、渠道防渗、低压管道输水、喷灌、微灌等技术。

（一）灌区改造、渠道防渗工程

灌区改造、渠道防渗可提高工程的供水能力和输水效率，一般此项工程早在 20 世纪 50 ～ 60 年代兴修水利大搞农田基本建设时期已经搞过，在当时对节水农业起了十分重要的作用。目前在输水河道、灌渠中仍起到防渗节水作用（图 3-1 和图 3-2）。

图 3-1　灌渠防渗

图 3-2　输水河道防渗

（二）低压管道输水灌溉

是以低压管道输水代替明渠输水的一种形式，通过一定的压力（一般低于 4 千克／厘米^2）将灌溉水由水源或分水设备设施输送到田间，直接由管道出水口进入田间或通过出水口连接软管输水，进入沟畦。这种输水灌溉仍属地面灌溉，不是一种新的灌溉方式，只是一种新的输水方式（图3-3）。低压管道输水灌溉已成为世界上农业节水灌溉的一项十分关键的技术，它比传统的渠灌节省了大量的水资源。特别是北方井灌区已得到极大的发展，成为投资少、效益好、易施工、管理方便、最受群众欢迎的节水工程（图3-4）。

图3-3　低压管道出水口

图3-4　带计量表的低压管道出水口

（三）喷　灌

喷灌分为固定式喷灌和移动式喷灌（图3-5和图3-6）。它是将有一定压力的水通过管道送到田间，在通过喷头喷射到空中，形成细小的水滴，近似天然降水洒落田间，灌溉土地或农作物。提供喷灌的压力通常是借助水泵的加压。当水源高于灌区，并有足够压力差时，也可利用自然水头进行自压喷灌。

喷灌具有很多优点。一是喷灌时灌溉水以水滴的形式，像降水一样湿润土壤，不破坏土壤结构，为作物生长创造良好的水分状况。二是由于灌溉水是通过多种管道和喷灌设备输送分配到田

图 3-5　固定式喷灌形成细
小水珠灌溉作物

图 3-6　移动式喷灌给
灌溉带来更大的方便

间，一切都是在控制状况下工作的，能很好地建立灌溉制度，控制灌水量、灌水均匀度等，因此能根据不同的条件和作物的需水规律进行精确的供水。三是喷灌系统几乎不存在输水损失，灌水均匀，均匀度一般可达 80% ~ 85%，一次取水量小，更适用于单井出水量低的浅层地下水区，有利于扩大单井控制面积。四是喷灌对土壤和地形条件适应性大，一些起伏的坡地、土壤质地与土体构型进行地面灌溉有困难的沙漏地等都可以喷灌的形式灌溉。

　　喷灌的最大缺点是蒸发和漂移损失，因为灌溉水以小水滴的形式喷洒在空中，比地面灌溉蒸发与漂移损失大，尤其是气温高，空气干燥的季节，蒸发损失更大，一般都在 10% 以上。从真实节水的概念理解，这一部分水损失是资源性损失。由于风力会加大喷灌的蒸发和漂移损失，并改变水舌的形状和喷射距离，降低喷灌的均匀度，故一般在大于 3 级风时应停止使用，最好选择气温低、风力小的天气条件或夜间进行。

（四）微　灌

1. 微灌的概念　微灌是利用专门的设备，加压灌水，通过低压管道系统毛细管上的孔口或灌水器，将有压水流变成细小的水流或水滴，直接送到作物的根区附近，均匀适量地施于作物根层所在部位土壤的灌水方法。

微灌与传统的地面灌溉最大的区别是：它不是对整个灌溉地段实施全面灌溉，而只湿润主要根系层所在的土壤，所以称之为"局部灌溉"。属于微量精细灌溉范畴。基本上没有无效的棵间蒸发，同时由于对灌溉水量的准确控制，一般也没有地面灌溉的深层渗漏，以及喷灌条件下的漂移蒸发损失，能大大提高灌溉水的利用率和水分生产效率（图3-7）。微灌不仅具有补充降水不足的农田灌溉功能，还特别适合给作物输送液态化肥、除草剂等，并便于控制用量，提高肥料的利用率。

图3-7　微灌没有无效的棵间蒸发，也没有地面灌溉的深层渗漏

微灌的不足之处在于整个灌溉系统的运行管理、规划设计和安装调试，以及对水质、滴灌冲施肥的要求都比较高（图3-8）。此外，微灌系统的水头损失比较大，尤其是滴灌系统。如何降低管道系统（含过滤设备）的水头损失，有效防止灌水器堵塞，是微灌应用推广中最为突出的技术问题（图3-9）。

2. 微灌的分类　微灌按所用的设备（主要是灌水器）及流出的形式不同，可分为滴灌、微喷灌、小管出流和渗灌等几种。

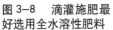

图 3-8　滴灌施肥最
好选用全水溶性肥料

图 3-9　如果不用全溶性肥料
滴灌施肥，要将肥料在桶里溶
解好再把溶液加入施肥罐中

（1）滴灌　滴灌技术是通过干管、支管和毛管上的滴头，在低压下向土壤缓慢地滴水；是直接向土壤供应已过滤的水分、肥料或其他化学制剂等的一种灌溉系统。它没有喷水或沟渠流水，只让水慢慢滴出，并在重力和毛细管的作用下进入土壤。滴入作物根部附近的水，使作物主要根区的土壤经常保持最优含水状况。这是一种先进的灌溉方法。

（2）微喷灌　是利用直接安装在毛管上或与毛管连接的微喷头将压力水以喷洒状湿润土壤。微喷头有固定式和旋转式（图3-10 和图 3-11）两种。前者喷射范围小，水滴小；后者喷射范围大，水滴也大一些，故安装的间距也大，微喷头的流量通常为20 ～ 50 升／小时。

（3）渗灌　是利用一种特别的渗水毛管埋入地下 30 ～ 40 厘米，压力水通过渗水毛管管壁的毛细孔以渗流的形式湿润其周围的土壤。由于它减少了土壤表面蒸发，使用水量最少的一种灌溉

图 3-10　棚室旋转式微喷栽培

图 3-11　旋转式微喷喷头

方式，渗灌毛管的流量为每米 2 ～ 3 升／小时。另外，由于深埋地下也不容易发现毛管故障，一般应用受到限制 (图 3-12 和图 3-13)。

图 3-12　渗灌铺带

图 3-13　渗灌灌溉效果

（五）波涌灌技术

波涌灌技术也称为小管出流灌溉，是利用直径 4 毫米的小塑料管与毛管连接作为灌水器，以细流（射流）状局部湿润作物附近土壤，小管灌水器的流量为 80 ~ 250 升／小时。对于高大的果树通常围绕树干修一渗水小沟，以分散水流，均匀湿润果树周围土壤。

（六）保护地膜面集雨

膜面集雨是利用保护地膜面雨水的叠加效应收集雨水，并通过微灌施肥进行高效利用的一项节水技术措施。我国东北、华北地区年降雨量小，降雨量又相对集中，年降雨量在 250 ~ 550 毫米的贫乏地区可采用保护地膜面集雨技术。根据保护地棚室面积大小，集雨窖可大可小，可集中建立或单独建立。

膜面集雨技术主要适用于日光温室、塑料大棚，它由集雨膜面（图 3-14）、集流槽（图 3-15）、沉淀池（图 3-16）、蓄水罐、微灌施肥系统（图 3-17）等组成。集雨膜面是收集雨水的平台，

图 3-14　集雨膜面

图 3-15　集流槽

即利用温室膜面的叠加效应收集雨水；雨水膜面汇集流入温室前面的集流槽中，然后经过沉淀池进行初步沉淀和过滤，最后汇入集雨窖；利用潜水泵，通过管道将集雨窖中的雨水输送到温室中的蓄水罐，雨水在蓄水罐中经过一段时间的恒温处理后，便可进

图 3—16　沉 淀 池

图 3—17　集雨微灌施肥系统

行灌溉。为更好地收集利用雨水，集雨窖也可在露地果园中进行露天集雨，将果园修成横竖 3 米宽、0.3 米深的沟渠，在空旷的地方修建沉淀池、集雨窖，将雨水引入，经潜水泵将水抽出灌溉或通过微灌系统进行灌溉。露地集雨是目前农业节水的好方法，可节约大量地下水资源，它既经济简单，又便于操作，是一般农户都能掌握的技术。

四、管理节水技术

（一）土壤墒情监测

土壤墒情，是指农作物主要根系活动层内的土壤水分状况，是土壤有效含水率的一种通俗说法。因其考虑到土壤类型、作物种类、时空差异等因素，所以不只是简单意义上的土壤湿度。由于土壤水分是作物用水的最直接来源，土壤墒情的好坏直接关系到播种、施肥、抗旱等一系列农业生产活动和措施的实施时机的选择，对作物的生长、发育以及最终产量有着至关重要的影响。因此，土壤墒情监测是农田用水管理的一项重要的常规观测项目（图4-1）。

图4-1 田间采取土样进行墒情监测

（二）田间土壤水分测定技术

田间土壤水分监测是灌溉预报的基础，目前对田间土壤水分监测常用的方法有土钻法取土测定墒情和张力计法监测土壤墒情两项技术。

1. 土钻法取土测定墒情 通过采取土样，并使用各种干燥技术使土样中水分蒸发，从而根据散失的水分确定土壤含水率的一种方法，其计算公式如下（图4-2）。

图4-2 对田间采取的土样进行水分测定

$$\emptyset = \frac{W_1 - W_0}{W_0} \times 100\%$$

式中：W_1 为土壤湿重；W_0 为土壤干重；$\emptyset$ 为土壤质量含水率。

实际中由于土壤特性空间变异性的存在，一个监测点的土壤水分测定结果不足以代表整个田块的土壤墒情，它只是这块田地"总体"中的一个随机样本，而对其总体来说，则须用一定数量的样本统计值来描述。因此，在监测田间土壤墒情时需首先考察地块的湿度分布情况，以便采用相应的方法来描述其总体特征，并估计不同取样数目下可能达到的精度，然后根据可行条件确定合理的取样数目。同时，如果其湿度分布是有结构的话，还应根据其结构特征确定取样或监测点的合理位置（图4-3）。

（1）合理取样数目 区域内合理取样数目的确定一般采用经典统计学方法。先将监测地块按一定的尺寸划分成网络，并在其节点上取样，测定其土壤含水率；然后，将每个点各层土样测定结果的平均值进行数理统计分析，确定其统计分布的特征值。

图4-3　大棚内进行田间取样

（2）布点方法　合理取样数目确定后，如何确定取样点的位置也很重要。田间墒情监测的布点方法很多，有"均匀布点法"、"随机布点法"（包括一次随机布点法和二次随机布点法）、"混合布点法"等。

2.定量化灌溉技术（张力计法）　张力计法是先用张力计（又称负压计）测定土壤水分的能量，然后通过土壤水分特征曲线间接求出土壤含水率的一种方法（图4-4）。

张力计是目前在田间应用较广泛一种测定土壤水势的仪器，采用多孔的陶瓷头与植物根系从土壤中吸收水分相似的原理，当土壤中的水分减少，水势降低时，埋置在土壤中的张力计管中的水分会从多孔的陶瓷头渗出，此时

图4-4　用张力计监测土壤墒情

张力计管中形成一定的真空度，通过测量张力计管中的真空度，

就可以反映出土壤中水势的变化。利用埋置张力计测定土壤水势，换算成土壤含水量，可以对土壤墒情时时监控，及时制定灌溉计划。但张力计对于沙土、过黏重的土壤和盐土不适用。

（三）智能化灌溉系统

智能化计算机控制全自动灌溉系统由土壤温湿度传感器（图4-5）、1个或多个控制器及计算机组成，可以实现灌溉施肥的全程自动控制，具有及时、准确、省工等特点，全自动计算机控制灌溉系统中主要设备的功能及特点如下（图4-6）。

图4-5 土壤温湿度传感器

图4-6 控 制 器

1. **灌溉控制系统** 模块化设计，带有多个控制板卡的插槽，带有编程和数据输入所需的键盘和显示数据所用的显示器。模拟输入可用于各种不同的传感器（土壤传感器、空气温度传感器、空气湿度传感器等）的数据采集。控制器有若干个RS-485输出口，计算机上有RS-232输入口，用于控制网络的通讯，另外一个端口，用于扩展单元的通讯，通过扩展箱可实现系统扩展（图4-7）。

2. **灌溉控制软件** 向用户提供功能强大的应用模块，可通

图 4-7　计算机监测系统

过键盘或鼠标，设置如下内容：①灌溉开始和结束日期。②每日的灌溉次数。③灌溉周期的开始时间。④每次灌溉的阀门的个数。⑤定时自动过滤器反冲洗时间。⑥每个传感器的控制参数。⑦传感器、单路管路流量的实时和历史参数，可用报表和曲线形式输出。

软件界面好，可方便快捷显示设置内容和传感器检测数据。软件可根据编制好的灌溉程序和传感器检测的数据，自动通过数据通讯线将数据传递给控制器，控制电磁阀的启闭与水泵的运行（图4-8）。

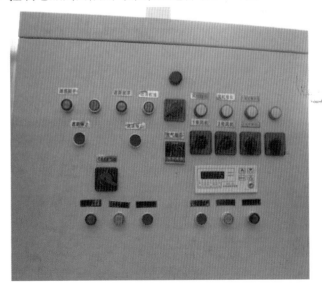

图 4-8　恒压供水变频系统

五、滴灌设备

　　农业节水效率最高的是滴灌技术，它可以使水分均匀度达到 95%，水分利用率达到 90%。与传统的大水漫灌相比可节水 50%（图 5-1）。一般氮肥的利用率为 25%～50%，钾肥的利用率为 40%～60%，磷肥的利用率为 10%～30%。试验研究表明，土壤水分含量对肥料利用率影响极大，在土壤含水量低于田间持水量的 60%时，肥料利用率随土壤水分含量减少而降低。由于滴灌用水量少，肥料流失基本上不存在，肥料利用率可达 85%～90%。因此，滴灌减少施肥量，从而降低施肥成本（图 5-2）。

图 5-1　采用滴灌提高水分利用率

图 5-2　采用滴灌提高肥料利用率

（一）滴灌系统的组成

　　一套完整的滴灌系统主要由水源工程、首部枢纽、输配水管网和滴水器等 4 部分组成。滴灌系统组成示意图见图 5-3。

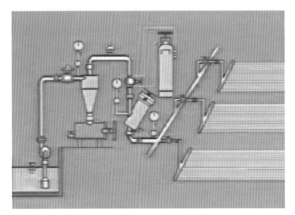

图5-3　滴灌系统示意图

1. 水源工程

江河、湖泊、水库、井泉水、坑塘、沟渠等均可作为滴灌水源，但其水质需符合滴灌要求。

2. 首部枢纽

包括水泵、动力机、压力需水容器、过滤器、肥液注入装置、测量控制仪表等（图5-4）。

首部枢纽是整个微灌系统操作控制的中心，以投资低，便于管理为原则进行建设。一般首部枢纽与水源工程相结合，如果水源距灌区较远，首部枢纽可布置在灌区旁边，有条件时尽可能布置在灌区

图5-4　滴灌首部枢纽

中心，以减少输水干管的长度。首部装置的作用是对滴灌系统提供恒定、洁净满足滴灌要求的水。除自压系统外，首部枢纽是微灌系统的动力和流量源。

（1）过滤器　它是滴灌设备的关键部件之一，其作用是使整个系统特别是滴头不被堵塞。过滤器主要有离心式过滤器、沙石过滤器、筛网过滤器、叠片式过滤器等，这几种过滤器都具有一

定的清洗功能（图 5-5 至图 5-8）。

图 5-5　离心式过滤器

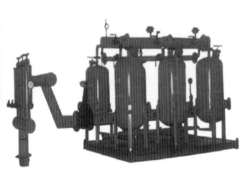

图 5-6　沙石过滤器

图 5-7　筛网过滤器

图 5-8　叠片式过滤器

（2）施肥装置　该装置安装在过滤器前，防止未溶解的肥料颗粒堵塞滴头。其原理是借助压力差通过肥料罐的出水口，将化肥溶液均匀地注入干管的灌溉水中。根据其向管道内注入溶液的方式可分为压差式、泵注入式和文丘里 3 种。施肥装置与过滤器的装配（图 5-9 至图 5-11）。在滴灌过程中肥料在罐中溶解后进入管道，通过两个调节阀来控制完成整个施肥过程。

图 5-9　压差式施肥罐

图 5-10　泵入式施肥器

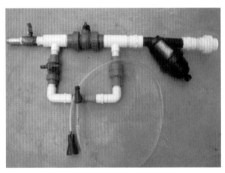

图 5-11　文丘里施肥器

3. 滴灌输配水管网系统
管网中的管材、管件应尽可能选用塑料制品，以避免金属管产生的锈蚀杂屑堵塞滴灌管。输配水管道是将首部枢纽处理过的水按照要求输送、分配到每个灌水单元和灌水器的。输配水管网包括干管、支管和毛管等3级管道和相应的三通、直通、弯头、阀门等部件。管网设计应进行必要的水力计算，以选择最佳管径和长度，力求做到管道铺设最短、压力分配合理、灌水均匀和方便管理（图5-12）。

4. 滴水器　它是滴灌系统的核心部件，水由毛管流进滴头，滴头再将灌溉水流在一定的工作压力下注入土壤。水通过滴水器，以一个恒定的低流量滴出或渗出后，并在土壤中向四周扩散（图5-13）。在实际应用中，滴水器主要有滴灌管和滴灌带两大类。滴灌管或滴灌带式滴水器是由滴头与毛管组合为一体，兼具配水和滴水功能的管（或带）称为滴灌管（或滴灌带）（图5-14）。

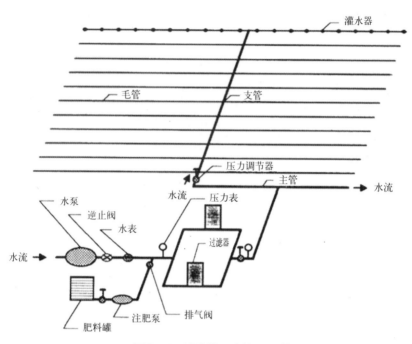

图 5-12 滴灌输配水管网系统

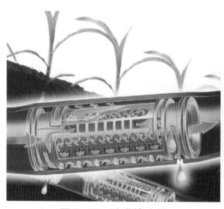

图 5-13 滴灌输水器

图 5-14 滴 灌 带

（二）滴灌系统的分类

按管道的固定程度，滴灌系统可分固定式、半固定式和移动式3种类型。

1. 固定式滴灌系统　在固定式滴灌系统中，各级管道和滴头的位置在灌溉季节是固定的，干、支管一般埋在地下，毛管和滴头都固定的布置在地面。其优点是操作简便、省工、省时，灌水效果好，而且由于布置在地面，施工简单，便于发现问题（如滴头堵塞、管道破裂、接头漏水等）。其不足之处是毛管用量大，而且毛管直接受太阳暴晒，老化快，并对其他农事操作有影响，还可以受到人为的破坏（图5-15）。

图5-15　固定式滴灌

2. 半固定式滴灌系统　在半固定式滴灌系统中，其干管、支管固定埋在田间，毛管（滴灌管或滴灌带）及滴头都是可以根据轮灌需要移动的。半固定式地面滴灌的投资仅为固定式的50%～70%，但增加了移动毛管的劳力，而且易于损坏（图5-16）。

3. 移动式滴灌系统　其干管、支管和毛管均由人工移动，设备简单，它

图5-16　半固定滴灌

较半固定式滴灌节省投资，但用工较多。结合我国劳动力多、资金缺乏的具体情况而研究开发的半固定式、移动式滴灌系统，大大降低了工程造价，为滴灌在大田作物和经济欠发达地区推广应用创造了条件(图5-17)。

图5-17 移动式滴灌

（三）滴灌系统管道的布置

1. **布置的原则**　滴灌系统管道的布置一般分干管、支管和毛管3级，布置时要求干管、支管、毛管3级管道尽量互相垂直，以使管道长度最短，水头损失最小。在平原地区，毛管要与垄沟方向一致；在山区及丘陵地区，干管多沿山脊或在较高位置平行于等高线布置，支管垂直于等高线布置，毛管平行于等高线并沿支管两侧对称布置，以使同一毛管上各滴头的出水量均匀。

2.布置的形式　滴灌系统的布置形式，特别是毛管布置是否合理直接关系到工程造价的高低，材料用量的多少和管理运行是否方便等。一条毛管总长 40～50 米，其中有一段不装滴头，称为辅助毛管，其长度为 5～10 米。辅助毛管的作用是使毛管灌水段可以在左右一定范围内移动。这样，一条毛管就可以在支管两侧 60～80 米宽，4～8 米上下的范围内移动，控制灌溉面积 0.03～0.07 公顷，使滴灌田的建设投资降低。

3.滴灌带的铺设　滴灌带的滴孔朝向上方，以防止滴头堵塞，瓜菜田滴灌带滴孔间距为 20～30 厘米，单滴头流量为 1～3

升／小时。滴灌管应沿作物行向铺设距植株根 5～10 厘米，每行作物铺一条，两行作物行距小于 40 厘米（图 5-18）。对于对爬的瓜棚，因间距较大，两行作物间须铺设两条滴灌带，每 667 米² 用滴灌管 600～800 米，每小时可滴水 3～5 吨。

图 5-18　滴灌带的铺设

（四）滴头的选型

　　滴头必须根据作物需水量给作物根区提供充分的水，一般情况下作物根层体积的 1/3～3/4 应得到充分湿润。若根部土体湿润比较大，这一设计就安全可靠。但湿润比太大，滴灌的许多优点将会消失，因此必须正确地选择土壤湿润比。土壤湿润比与滴头的流量、灌溉持续时间、灌水器间隔以及土壤类型有关。滴头的选择原则如下：一是流量符合设计要求，组合后既能满足作物的需要，又不产生深层渗漏与径流。每个滴头的流量不可太小，

但也不能太大,选在 5 ~ 8 升／小时较为适宜，此种情况下流量对压力和温度变化的敏感性较小(图5-19)。二是工作可靠、不易堵塞，一般要求流量孔口大，出流流速大。三是性能规格整齐划一，制造误差应小于 10%。四是结构简单，价格便宜。

图5-19　果树滴头

（五）管网的布置

在滴管系统布置中，毛管用量最大，它直接关系到工程造价和管理运行是否方便。毛管和滴头的布置方式取决于作物种类、生长阶段和所选灌水器的类型。毛管是将水送到每一棵作物根部的最后一级管道，毛管的布置有以下几种。

1. **单行毛管直线布置**　毛管顺作物方向布置，一行作物布置一根毛管，滴头安装在毛管上。这种布置方式适用于大田作物、幼树和窄行密植作物（如蔬菜），也可用滴灌管（带）代替毛管和滴头（图5-20）。

2. **大垄单管布置**　双行大豆、棉花、黄瓜、番茄等可采用大垄双行种植，单根滴灌管（带）布置于垄中间（图5-21）。

3. **单行毛管环状布置**　当滴灌成龄果树时，可沿一行树布置

图 5-20　单行作物可铺设一条滴灌带　　　　　图 5-21　单行铺设

一根输水毛管，围绕每一棵树布置一条环状灌水管。这种布置形式由于增加了环状管，使毛管长度大大增加，增加了工程费用，但灌溉效果满足果树生长需求（图 5-22）。

　　4. **单行毛管带微管布置**　　这种布置是从毛管上分出微管式滴头，微管的出水口环绕作物周边布置，与环状布置相似。每一行树布置一条毛管，用微管与毛管相连，在微管上安装有滴头，这种布置可以大大减少毛管的用量，而微管的价格又很低，故能减少工程费用（图 5-23）。

图 5-22　单行毛管环状布置　　　　　图 5-23　果树单行毛管带微管布置

5.**双行毛管平行布置**　当滴灌行距较大作物时，可采用双行毛管平行布置的形式，沿两侧布置两条毛管。这种布置形式使用的毛管数量较多(图5-24)。

图5-24　蔬菜双行毛管平行布置栽培

六、滴灌施肥技术

（一）膜下滴灌技术的应用

滴灌技术利用管道将水通过直径约10毫米 毛管上的孔口或滴头送到作物根部进行局部灌溉。它是目前干旱缺水地区最有效的一种节水灌溉方式，其水的利用率可达95％（图6-1）。滴灌技术是一种低水头灌溉，它既适合大面积长期种植的高秆作物，如果园、葡萄园的灌溉，也适合蔬菜、花卉等经济作物、大面积农作物以及温室大棚的灌溉。在干旱缺水的地方，滴灌技术可用于大田作物灌溉，还可用于高扬程抽水灌区及地形起伏较大地区的灌溉，同时在透水性强、保水性差的沙质土壤和咸水地区也有一定的发展前景。

图6-1　滴灌系统水分利用率可高达95％

（二）膜下滴灌技术的特点

1. 滴灌技术的优点

（1）不误农时，一播全苗　由于滴灌具有灌溉及时的优点，为各种作物在任何墒情条件下抓住农时，保证全苗，提高单产奠定了基础（图6-2）。对大田春播时，只要早春积雪融化后，气温和地温达到种子适合发芽的温度时，不论田间墒情如何，都可进行播种。对墒情较差的地块先播种后滴水，采用干播湿出的方法，出苗均匀，出苗率高（图6-3）。

图6-2　采用滴灌不误农时　　　　　图6-3　采用滴灌可保全苗

（2）节水、节能、省工　在滴灌条件下，灌溉水湿润部分土壤表面可有效减少土壤水分的无效蒸发。同时，由于滴灌仅湿润作物根部附近的土壤，其他区域土壤水分含量较低，因此可防止杂草的生长。另外，滴灌系统不产生地面径流，且易掌握精确的施水深度，非常省水，利用率可达95%。一般比地面浇灌省水30%～50%，有些作物可达80%左右，比喷灌省水10%～20%。滴灌工作压力低，灌溉水利用率高，所以在减少了灌水量的同时，也降低了灌水的能量，这在高扬程灌区效果更明显。滴灌便于自

动控制，用来施肥（药），
既省肥（药），又节省劳动
力，非常方便（图6-4）。

（3）灌水均匀 滴灌
可有效控制每个滴头的
出水量，灌水均匀度高，
一般可达80%～90%（图
6-5）。

（4）环境湿度低，病
虫害发生率低 滴灌灌水
后，根系周围土壤的通透
条件良好，通过注入水中

图6-4 采用滴灌可防止杂草省工省时

的肥料可为作物提供足够的水分和养分，满足作物要求的稳定和
较低吸力状态；而灌水区域地面蒸发量小，因而有效控制保护了
地面的湿度，大大降低了作物病虫害的发生频率（图6-6）。

图6-5 采用滴灌灌溉均匀度高

图6-6 采用滴灌环境湿度低

（5）增加作物产量、提高产品品质 滴灌技术能够及时适量
地向作物根区供水、供肥，为作物生长提供了良好的水分、养分

条件，它可以在提高农作物产量的同时提高和改善农产品的品质，使农产品的商品率和经济效益大大提高。

（6）滴灌对地形和土壤的适应能力较强　由于滴头能够在较大的工作压力范围内使用，且出流量均匀，所以它几乎可以适宜于任何复杂的地形，甚至在乱石滩上种的树也可用滴灌。在一定条件下，滴灌还可适应于微咸水灌溉及地形有起伏的地块和不同种类的土壤。

2. 滴灌肥料的选择　采用滴灌设施对肥料的要求较高，一般的冲施肥料不能用于滴灌，不然肥料中的沉淀物就会将滴灌带堵塞，造成滴灌设备报废无法使用。目前，造成滴灌不能大面积推广的主要原因是滴灌肥料问题，好的滴灌肥料价格较高，一般每吨要1万～5万元。选择滴灌肥料必须是全水溶性的，最好要含螯合体的中、微量元素，使用低档的滴灌冲施肥，必须先用容器将肥料用水溶解，用澄清液施肥，而且最好单一施肥，若要将两三种肥料混施要考虑化学肥料的拮抗问题。

图6-7　采用滴灌已造成盐渍积累

3. 滴灌技术存在的问题　滴灌的主要缺点是投资较高，容易堵塞，由于滴头的流道较小，滴头易于堵塞，对水质要求高。且滴灌灌水量相对较小，容易造成盐分积累等问题（图6-7）。

（三）滴灌系统的堵塞及其处理方法

1. 滴灌系统堵塞的原因　一是悬浮固体堵塞。如由河（湖）水中含有泥沙及有机物引起。二是化学沉淀堵塞。水流由于温度、流速、pH值的变化，常引起一些不易溶于水的化合物沉积在管道和滴头中，按其化学成分来分，主要是铁化合物沉淀（由铁管锈蚀引起），碳酸钙沉淀和磷酸盐沉淀等。三是有机物堵塞。胶体形态的有机质，微生物的孢子和单细胞一般不容易被过滤器排除，在适当的温度、含气量以及流速减小时，常在滴灌系统内积聚和繁殖，从而引起堵塞。

2. 滴灌系统堵塞的处理方法

（1）酸液冲洗法　对于碳酸钙沉淀，可用36%的盐酸加入水中，占水容积的0.5%～2%，输入滴灌系统，滞留5～15分钟；若被钙质黏土堵塞时，可用硝酸稀释液冲洗；也可在系统中加酸性磷钾肥冲洗滴灌管道（图6-8）。

图6-8　滴灌堵塞加酸性磷钾肥

（2）压力疏通法　用0.5～1.0兆帕的压缩空气或压力水冲洗滴灌系统，对疏通有机物堵塞效果很好。清除前，先将管道系统充满水，然后与空气压缩机连通，当所有水被排出后0.5分钟关闭空气压缩机。但此法有时会使滴头流量超过设计值，或将较薄弱的滴头压裂。此法对碳酸盐堵塞无效。

3. 滴灌系统的管理与堵塞的预防　在滴灌系统运行过程中，更重要的是加强管理，切实采取以下预防措施。

一是加强对系统运行的管理，如维护好过滤设备，用沉淀池预先处理灌溉水，采用活动式滴头以便拆卸冲洗等。

　　二是定期测定滴头的流量和灌溉水的铁、钙、镁、钠、氯的离子浓度以及 pH 值和碳酸盐含量等，及早采取措施。

　　三是防止藻类滋生，毛管采用加炭黑的聚乙烯软管，使其不透阳光，或用氯气、高锰酸钾及硫酸铜处理灌溉水。

（四）滴灌施肥操作应注意的问题

　　第一，施肥前应选用好适合滴灌的肥料，最好将所施的肥料事先溶好，将澄清的肥料溶液倒入施肥灌，以防止堵塞。

　　第二，以差压施肥罐为例，施肥罐与主管道的调压阀并联，施肥罐的进水管要达罐底，施肥前应滴清水 15 ~ 20 分钟，施肥时拧紧罐盖，打开罐的进水阀，调节调压阀，使之产生 2 ~ 2.5 米的压差，应保持施肥速度的正常。

　　第三，用 25 ~ 30 升的施肥罐，罐出水速度应控制在每分钟 3 升，施肥时间应控制在 40 ~ 60 分钟，防止施肥速度过快或过慢造成施肥不均匀或不足。每次溶肥应在 6 ~ 8 千克。

　　第四，滴灌调节阀应开到 1/3 ~ 1/4 处即可。

　　第五，施肥后应再滴清水 15 ~ 20 分钟，冲洗管道。

七、瓜菜节水灌溉施肥技术

（一）保护地西瓜灌溉施肥技术

1. 西瓜育苗期水肥需求 西瓜苗期适宜土壤湿度为田间最大持水量的 70% ~ 85%。当土壤含水量大于 85% 时，苗床空气湿度会相应增加，不仅造成幼苗徒长，还会增加苗期猝倒病等病害的发生。湿度过大还会造成土壤缺氧，影响根系的正常生长，甚至烂根。降低苗床湿度的办法有通风、在苗床上撒草木灰吸湿和进行浅耕等措施。土壤缺水时，应在晴天的上午适量补水，并注意通风，降低空气湿度。

一般采用以下比例配制营养土：田土与草炭比例为 3∶1，或田土与充分腐熟的农家肥比例为 5∶1。将营养土过筛，每立方米营养土（可育苗 1 000 株）加入 200 克多菌灵，拌匀后，用农膜覆盖堆闷 2 ~ 3 天，再放置 1 周后即可装钵。装土量标准为营养钵的 3/4，上松下实，以利于出苗。

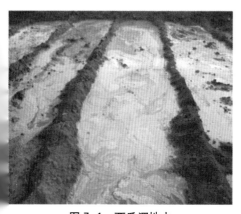

图 7-1 西瓜洇地水

2. 西瓜洇地及定植水 西瓜定植前洇地补墒，一般灌水量 30 米³/667 米²（图 7-1）。春季栽培为达到早熟的目的，一般生理苗龄在 3 叶 1 心至 4 叶时定植，如果在定植前 3 ~ 4 天补墒的基础上不浇定植水，移栽 6 ~ 7 天后再浇缓苗水，这种浇水方式有利于提高地温，促进根系生长和缓苗（图7-2）。滴灌情况下浇缓苗水5～8 米^3/667 米^2，膜下沟灌浇水量10 米^3/667 米^2（图7-3），膜上沟灌浇水量8～10 米^3/667 米^2，此时不施肥。

图7-2　西瓜定植时浇定植水

图7-3　西瓜膜下沟灌每667 米^2 灌溉10 米^3

3.西瓜伸蔓期水肥要求　以壤土为例，伸蔓期植株生长加快需水量增加，此期间为控制营养生长，促进根系生长，不宜大量浇水，采用小水缓浇，浸润根部土壤为宜，浇水最好在上午进行。施肥应依据植株长势，以既促使茎叶快速生长又不引起植株徒长过旺为原则（图7-4）。

一般滴灌条件下，伸蔓期浇水量8～10 米^3/667 米^2，并随滴灌冲施氮、磷、钾比例为16：8：34的肥料3千克或尿素5千克（图7-5）。膜下沟灌条件下，浇水量10米^3/667

图7-4　西瓜伸蔓期植株生长加快需水量增加

米^2，并随水冲施氮、磷、钾比例为 16∶8∶34 的肥料 3 千克或尿素 5 千克。膜上沟灌条件下，浇水量 8～10 米^3/667 米^2，随水冲施氮、磷、钾比例为 16∶8∶34 的肥料 3 千克或尿素 5 千克。

4. 西瓜开花坐果期水肥管理要点　西瓜是需高钾的作物，在西瓜坐果前的伸蔓、开花期，以氮、磷的吸收量较多，坐果后则以钾的吸收量最大。施好基肥后还应做到轻施苗肥、巧施蔓肥、重施果肥。西瓜从伸蔓期到开花坐果期应注意控水控肥。注意避免出现干旱情况，如果干旱可浇小水，也可追施偏肥，促进弱苗生长，但避免因肥水过量造成植物徒长而影响开花结果（图 7-6）。

图 7-5　西瓜伸蔓期每 667 米^{2}滴灌 8～10 米^3

图 7-6　西瓜开花期

5. 西瓜果实膨大期水肥管理要点　西瓜膨大期植株需水量最大，在幼瓜膨大阶段，即当 80% 以上的幼瓜长到鸡蛋大小时，要浇膨瓜水，以后要保持土壤湿润，但不要水肥过大，水肥过大会导致裂瓜，满足膨瓜阶段果实对水的需求。

滴灌条件下，果实膨大期滴灌 15 米^3/667 米^2，滴灌氮、磷、钾比例为 16∶8∶34 的肥料 5 千克或硫酸钾 15～20 千克。膜下沟灌条件下，果实膨大期浇水 20 米^3/667 米^2，随水冲施高钾肥 15～20 千克；膜上沟灌条件下，果实膨大期浇水 15～20 米^3/667 米^2，随水冲施高钾肥 15～20 千克（图 7-7）。在果实膨大后期，

图7-7 西瓜果实膨大期

根据苗情和墒情，可再灌溉15～20米³水，可根据情况随水追肥，一般以氮、钾肥为主。每667米²适量在10千克左右，土壤肥沃的地块可不追肥（图7-8）。

6.西瓜果实成熟期水肥管理要点 采前1周为保证西瓜品质，停止浇水施肥（图7-9）。

图7-8 西瓜膨大后期

图7-9 西瓜成熟期

（二）保护地甜瓜灌溉施肥技术

以壤土为例，甜瓜全生育周期每667米²施肥量为有机肥3 000～3 500千克、氮肥（N）18～21千克、磷肥（P_2O_5）6～8千克、钾肥（K_2O）8～10千克。氮、钾肥分基肥和3次追施，施肥比例为3:2:3:2。磷肥全部基施，化肥和农家肥（或商品有机肥）混合施用。

基肥以有机肥为主，配合适量化肥。一般每667米²施农家肥3 000～3 500千克（或商品有机肥400～450千克）、尿素5～6千克、磷酸二铵13～17千克和硫酸钾5～6千克。

1. 甜瓜育苗期水肥需求　营养钵育苗，播种时浇足底水后，直至出苗前一般不浇水。子叶展平阶段，控制地面见干见湿，以保墒为主，可在苗床上撒一层细沙土，以降低土壤水分的蒸发量，并可预防猝倒病和立枯病的发生，空气相对湿度保持在80%左右（图7-10）。真叶长出后，若地面见干，可用喷壶喷水，喷水要在晴天上午进行，随着温度回升，喷水量可逐渐增加，一般每隔3～5天喷水1次，直到定苗前5天停止喷水（图7-11）。

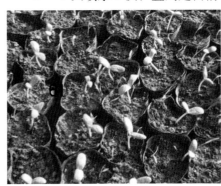

图7-10　甜瓜育苗子叶展平相对湿度保持80%

图7-11　甜瓜真叶长出后可用喷壶喷水

2. 甜瓜洇地及定植水　甜瓜在定植前应保证底墒充足，一般在移栽前1～2天浇足洇地水，以保证移栽后缓苗快，一般每667米²浇水30米³左右。移栽后禁止大水，特别是早春以保证地温，一般点水灌溉，采用滴灌的地块每667米²滴灌5米³即可（图7-12）。

图7-12　整地前灌水洇地

3. 甜瓜伸蔓期水肥要求 首先需浇足底墒水,定植后浇缓苗水,缓苗水宜早浇,水量不宜过多。瓜秧长至8~10叶时浇伸蔓水,伸蔓水须少浇,以防止瓜秧旺长影响坐瓜。伸蔓期要保持一定的土壤湿度,以持水量的60%为宜;滴灌地块每667米^{2}滴灌10米^3,膜上灌溉每667米^{2}灌溉15米^3,膜下沟灌每667米^{2}灌溉15~20米^{3}即可,灌溉后要进行中耕,同时每667米^{2}随水追氮肥10千克(图7-13和图7-14)。

图7-13 甜瓜伸蔓期滴灌灌水每667米^{2}10米^{3}左右   图7-14 甜瓜灌溉后进行中耕

4. 甜瓜开花期水肥管理要点 开花坐果期不宜灌水,要控水控肥,相对湿度一般在60%~70%。若遇干旱,要严禁大水漫灌,每667米^{2}灌溉不超过5米^3,以免瓜秧生长过旺影响坐瓜(图7-15)。

5. 甜瓜坐果期水肥管理要点 坐果以后,幼瓜长至核桃大小时,果实进入膨大期,需水量大,要连续浇灌膨瓜水,要小水勤浇,防止大水漫灌、防忽干忽湿,滴灌每667米^{2}灌溉8~10米^3,膜上灌溉每667米^{2}12米^{3}左右,膜下沟灌每667米^{2}需15米^{3}并随水冲高钾复合肥或硫酸钾10千克。保持土壤相对含水量70%~80%为宜(图7-16)。

图 7-15 甜瓜开花期要控水控肥

图 7-16 甜瓜坐果期

图 7-17 甜瓜果实膨大期要保证
果实营养生长和生殖生长

6. 甜瓜果实膨大期水肥管理要点 甜瓜进入果实膨大期，需水需肥量大，是保证甜瓜高产的关键时期，在此期间既要防止徒长，又要保障果实的营养需要（图 7-17）。灌溉时要采用三看的方法，即看天、看地、看苗情。看天是要看自然天气情况，是阴天还是晴天，根据天气灌溉。看地是看土壤情况，一般土壤相对含水量在 60%～70% 为宜，最简单的方法是抓起秧苗下面的土攥起成团不松散为宜。看苗情是根据苗情判断是否需要灌溉，通过以上 3 种方法综合判断后，若需要灌溉，一般每 667 米^2 滴灌 15 米^3 水，膜上灌溉和膜下沟灌每 667 米^2 需 20 米^3 水，同时随水冲钾肥 10 千克或高钾含微量元素的复合肥 10～15 千克。

7.甜瓜果实成熟期水肥管理要点　甜瓜需水需肥量比西瓜要大一点，在即将成熟期也要保证水分充足，但在果实成熟采收前1周，应停止浇水，土壤相对含水量在50%左右为宜，以促进早熟，提高品质（图7-18）。

图7-18　甜瓜果实进入成熟期要控水控肥

（三）保护地黄瓜灌溉施肥技术

黄瓜需水、需肥量大，根系吸收能力相对较弱，要求土壤水分充足。同时，黄瓜根系不耐涝，又不能长时间积水，所以黄瓜对肥水管理的要求比较严格，而且不同栽培方式以及不同生育时期，对肥水的要求差别很大。

栽培大棚黄瓜时进行膜下沟灌，可以显著提高其产量和品质。其方法是：在前茬蔬菜收获后，每667米^{2}施磷酸二铵20千克、生物钾肥15千克、有机肥5 000千克。深翻后整成南北向90~100厘米宽的畦，中间开50厘米深沟，灌1次水，然后压实沟帮、沟底，最后用宽幅薄膜将畦面罩严压实。在浇水处留进水口，然后破膜栽苗（图7-19）。

实行膜下沟灌后，在黄瓜整个生育期内可少浇水，且可降低棚内湿度，降低霜霉病发病率。此外，由于畦两侧均能被太阳照射到，土温较高，植株生长良好。与对照植株相比，进行膜下沟灌的黄瓜茎增粗 0.2 厘米、须根增加 40 余条、单瓜增重 30 克（图7-20）。

图 7-19　黄瓜膜下沟灌做畦

图 7-20　黄瓜膜下沟灌茎粗增加

1. **黄瓜育苗期水肥需求**　根据育苗时间、育苗方式以及育苗期间的天气情况不同，黄瓜育苗期间的浇水次数及浇水量差别较大，冬季或早春育苗应 5 ～ 8 天浇水 1 次，而夏、秋季育苗，可每天浇水，甚至 1 天浇 2 次水。总的原则是：黄瓜苗期控温不控水，既要保证黄瓜充足的水分供应，又要防止浇水过多造成沤根。一般保持田间最大持水量的 80% ～ 90% 即可。在黄瓜的育苗后期，使床土见湿见干。

黄瓜育苗床土要具备营养成分全，透气性能好，保水能力强的特点。

（1）土的选择　最好选择没种过黄瓜的大田土，以免引起病虫害。

（2）肥的选择　选择富含有机质多、通透性好、腐熟优质农家肥。

(3) 配制方法 有机肥或草炭占50%~60%，疏松田土占40%~50%，过筛后拌匀(图7-21)。床土中要求全氮含量应在0.8%~1.2%，速效氮含量应达到100~150毫克/千克，速效磷含量应高于200毫克/千克，速效钾的含量高于100毫克/千克。腐熟优质猪圈粪和堆肥都可作为配制床土的原料。

2. 黄瓜洇地及定植水

定植前半个月畦中开沟施入基肥，每667米²施入农家肥3000~3500千克或商品有机肥400~450千克、尿素4~5千克、磷酸二铵13~17千克和硫酸钾5~6千克。

定植前灌水用沟灌浇透，灌水量22米³/667米²，以促进分解有机肥和沉实土壤(图7-22)。

定植时在沟中浇暗水栽苗，以免降低地温。也可根据墒情点水种植，以满足根

图7-21 选用营养成分全、保水透气性能好的基质作黄瓜育苗床土

图7-22 定植前造墒灌溉

系需水量，促进发根，同时提高棚内空气相对湿度，增加闭棚缓苗期间秧苗的耐高温能力(图7-23和图7-24)。

图 7-23　膜下沟灌点水种植黄瓜

图 7-24　膜下沟灌暗水种植黄瓜

　　定植后 5 ～ 7 天选晴天中午浇 1 次缓苗水，以保证发根至根瓜坐住前植株对水分的需求。这段时间缺水，叶片中午萎蔫逐渐加重，影响发棵；但浇水（不管水量大小）易造成营养生长过旺，影响发根和根瓜发育，化瓜严重。缓苗水后，要控水促根控秧。有条件的最好测墒灌溉（图 7-25），一般滴灌浇水量 10 米^3/667 米^2，膜上沟灌浇水量 12 ～ 15 米^3/667 米^2，膜下沟灌浇水量 15 米^3/667 米^2（图 7-26）。

图 7-25　黄瓜定植后测墒灌溉

图 7-26　黄瓜定植后 5 ～ 7 天观察苗情

定植缓苗后追肥，每667米^{2}施硫酸铵10～15千克或人粪尿1000千克，采取化肥与人粪尿交替使用。15天后再追肥1次。黄瓜生长快，肥水供应要及时，施肥方法采用"薄肥勤施、少量多餐"的原则。浇缓苗水时，严禁追施速效性氮肥，以防秧苗徒长而大量化瓜。

3. 黄瓜伸蔓期水肥要求　这一时期为以茎叶生长为主转向果实生长为主的过渡期。这个时期按2.5天展开一片叶标准进行管理。以控为主，促控结合。促进黄瓜根系的生长，促进以营养生长为中心向生殖生长为中心转变。这一时期以主要是黄瓜的蹲苗期，中耕保墒为主，根瓜坐住前少灌水（图7-27），黄瓜蹲苗期的长短，要根据土质、品种、栽培方式、植株长势、天气等条件来决定。沙质土要短，黏质土要长，早熟品种、植株矮小、叶片小、长势弱、雌花多，蹲苗期要短。如有旱象，及时浇水，防止因控水过度造成花打顶。有条件的进行测墒灌溉。一般滴灌浇水量10米^3/667米^2，膜上沟灌浇水量10米^3/667米^2，

图7-27　黄瓜伸蔓期要控水

膜下沟灌浇水量10～15米^3/667米^2。

4. 黄瓜根瓜开花期水肥管理要点　一般黄瓜根瓜开花期到根瓜坐住这段时间不需要浇水，若干旱，可选晴天中午从垄间膜下浇小水。根瓜坐住后随水追施硝酸铵每次每667米^{2}15～20千克，或尿素7.5～10千克，或磷酸二铵10～15千克（图7-28）。追肥方法是随水膜下冲施。至第一雌花着果后，植株生长繁茂，叶片增多，蒸发量大，结瓜多而集中。果实中含水量达95%以上，所

需肥水量最大。此时应
追1次重肥，每667米^2
施人粪尿1500～2000千
克、过磷酸钙10～15
千克和草木灰100～150
千克，以保证营养生长
与结瓜需要。一般滴灌
浇水量10米^3/667米^2，
膜上沟灌浇水量10～15
米^3/667米^2，膜下沟灌
浇水量15～20米^3/667
米^2。

图7-28　根瓜坐住后要随水追肥

5. 黄瓜根瓜收获期

水肥管理要点　特别注意磷、钾肥的施用。结合浇水，每次每
667米^{2}追肥施用尿素15～20千克、硫酸钾5千克或磷酸二铵
15～20千克。若追肥使用鸡粪，可将其按100千克/667米^{2}冲
施在水中。每隔3天左右浇水1次，每隔1水冲施1次肥水，即
所说的"一清一混"肥水管理法。采用滴灌的，可将追肥溶解在
灌水中使用。至根瓜采收后，茎蔓爬到架顶进入开花结瓜盛期，
每4～5天追速效氮肥1次，每次667米^{2}施尿素5～7.5千克
或人粪尿750～1000千克，结瓜多，生长快，产量高，但结果
盛期也是病害发生盛期，要定期喷药防病。一般滴灌浇水量12
米^3/667米^2，膜上沟灌浇水量15米^3/667米^2，膜下沟灌浇水
量24米^3/667米^2。

6. 黄瓜腰瓜收获期水肥管理要点

　腰瓜期要适当增加灌水次
数和水量，根据气候条件做到5天浇1次水，并且每15天灌水
时带施尿素7～8千克、硫酸钾5～6千克。一般滴灌每次浇水
量15米^3/667米^2，膜上沟灌浇水量12米^3/667米^2，膜下沟灌
浇水量25米^3/667米^2（图7-29）。

7. 黄瓜盛瓜期水肥管理要点 盛瓜期的灌水应保证 2 ~ 3 天 1 水，浇 2 次水追肥 1 次。后期灌水延迟植株衰老，延长收获期。每次浇水都要安排在晴天上午进行。为防止早衰，延长收瓜期，可结合常规肥水管理进行叶面喷肥，一般 10 天左右 1 次，如糖氮液（1% 糖 + 0.2% ~ 0.5% 尿素 + 0.2% ~ 0.3% 磷酸二氢钾 + 0.3% 食醋）、0.5% 磷酸二氢钾或 0.1% 硼砂或多元素微肥等，可促进生育、促进早熟丰产。

盛瓜期可施气肥，在大棚、温室内每日清晨日出后半小时施放二氧化碳，使棚室内二氧化碳含量达到 800 ~ 1500 微升／升。

盛瓜期如果发现大部分植株有临时空秧无瓜，应控水防徒长，等坐瓜后再转入正常的浇水管理。否则，空秧情况下仍然浇水，易造成疯秧，导致上节位严重化瓜。浇水宜在采瓜前进行，使水多攻瓜少攻秧，既有利于增加瓜条重量和提高瓜条鲜嫩程度，又可避免空秧浇水导致疯秧，如果植株生长势偏弱或瓜纽过多，宜在摘瓜后浇水（图 7-30），使水多攻秧，使秧果关系协调。一般滴灌浇水量 15 米^3/667 米^2，膜上沟灌浇水量 15 ~ 20 米^3/667 米^2，膜下沟灌浇水量 30 米^3/667 米^2。

图 7-29　腰瓜期要加大水肥管理　　图 7-30　盛瓜期浇水要在采瓜前进行

（四）保护地番茄灌溉施肥技术

采用膜下滴灌技术，番茄所施化肥全部随水滴施，按番茄生长发育各阶段对养分需要，可"少量多次"，合理供应，使化肥通过滴灌系统直接进入番茄根区，达到高效利用的目的（图7-31）。

在滴灌施肥时要注意，应在滴水后15分钟开始滴肥，在滴完肥后应过15分钟再停水，这样可以使溶在水中的肥料充分滴入土壤中。

开花坐果期应适当控水，待第一穗果实有核

图7-31　番茄滴灌合理供应水肥

桃大小，侧枝已开始坐果时结束蹲苗。蹲苗后，滴水滴肥促进果实成长，进入果实膨大期，应视天气及土质情况每5～6天滴1次水。要防止土壤忽干忽湿，以减少裂果及病果发生。采收期应适当控制灌水，果实采收前7天不应再灌水，采收后应及时补水，促进后期果实的生长发育。

1.番茄育苗期水肥需求　番茄育苗期，如果苗床肥料足，分苗时营养土氮、磷、钾含量富余，那么苗期一般不需追肥。当小苗缺肥长得弱小时，可用喷施宝进行叶面追肥。水分管理遵循"三足二控"的原则，即播种水、分苗水、定植前出嫁水要浇足；出苗后、移栽成活后水分要控（图7-32）。温度、水分管理得当，光照充足，分苗及时，就能培育健壮苗。

图 7-32　番茄苗期水分管理遵循三足二控

　　2. 番茄洇地及定植水
3 000～3 500 千克或商品
有机肥 400～450 千克、尿
素 5～6 千克、磷酸二铵
13～17 千克和硫酸钾 7～8
千克。定植前灌水用沟灌浇
透，灌水量 22 米^3/667 米^2，
以促进分解有机肥和沉实土
壤（图 7-33 和图 7-34）。栽
后浇足定植水，然后用细土
封好地膜定植孔，防止热气
灼伤幼苗（图 7-35）。

定植前每 667 米^2 施入农家肥

图 7-33　番茄定植前浇足底墒水

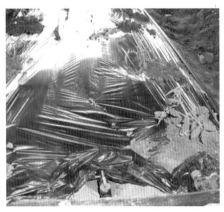

图 7-34　番茄定植后要及时补墒

图 7-35　番茄定植后用细土封好地膜定植孔防止水分蒸发

3.番茄开花期水肥要求　在不同的生长期，番茄对水分要求不同。掌握"浇果不浇花"原则。幼苗期到开花期生长较快，应适当控制灌水。第一花序坐果前，原则上不浇水，以松土保墒为主（图 7-36）。定植后坐果前主要是促进植株根系生长，这时的重点是以浇水和温度管理来调节基肥的肥效。不应追施任何化肥，尤其是氮素肥料，否则容易发生徒长现象。可在此期间喷施硼肥，以保花、保果。开花前若干旱一般滴灌浇水量 10 米^3/667 米^2，膜上沟灌浇水量 12 米^3/667 米^2，膜下沟灌浇水量 15 米^3/667 米^2。

4.番茄一穗果坐果期水肥管理要点　在第一穗果膨大时，即在果实像鸡蛋大小时，对水分的要求明显增加，每株番茄每天吸水量为 1～2 升。待第一穗果长到核桃大小时开始浇 1 次"稳果水"（图 7-37），每 667 米^2 追施氮、磷、钾比例为 15：15：15 的氮磷钾复

图 7-36　番茄在花前一般不浇水以松土保墒为主

图 7-37 番茄第一穗果核桃大小要灌溉施肥

水肥管理要点 平均 8 天浇 1 水，追肥 1 次，每 667 米² 施尿素 11 ~ 13 千克、硫酸钾 6 ~ 8 千克（图 7-38）。也可结合喷药进行叶面补充营养。用 0.3% ~ 0.5% 尿素加 0.2% ~ 0.5% 磷酸二氢钾或微量元素肥料。滴灌浇水量 15 米³/667 米²，膜上沟灌浇水量 20 米³/667 米²，膜下灌浇水量 25 米³/667 米²。

6. 番茄三穗果坐果期水肥管理要点 平均 6 天浇 1 水，追施 1 次肥，在第三穗果开始迅速膨大时追施 1 次肥，每 667 米² 施尿素 8 ~ 9 千克、硫酸钾 5 ~ 6 千克。也可结合喷药进行叶面补充营养（图 7-39），用 0.3% ~ 0.5% 尿素加

合肥 25 ~ 30 千克，或每 667 米² 追尿素 8 ~ 9 千克、过磷酸钙 20 千克、硫酸钾 5 ~ 6 千克，不可单追尿素，以保证果实膨大的需要。此次灌水一定要掌握时期，如果灌水太早，容易引起徒长和落果，太晚则影响果实发育。一般滴灌浇水量 16 米³/667 米²，膜上沟灌浇水量 14 米³/667 米²，膜下沟灌浇水量 25 米³/667 米²。

5. 番茄二穗果坐果期 在第二穗果开始迅速膨大时

图 7-38 番茄第二穗果像核桃大小时要浇足水肥

0.2%～0.5%磷酸二氢钾或微量元素肥料，也可增施二氧化碳气肥。滴灌浇水量10米^3/667米^2，膜上沟灌浇水量12米^3/667米^2，膜下沟灌浇水量15～20米^3/667米^2。

7. 番茄四穗果坐果期水肥管理要点　在第四穗果开始迅速膨大时看苗情和墒情，苗情好可不追肥，不好也要追肥。追肥可以随水浇灌。要注意施肥量，以防烧苗。在此期间一般要打顶（图7-40），注意番茄栽培除土壤追肥外，还要进行叶面追肥。叶面追肥可延长叶片寿命，促进生长发育，增强植株抗病能力，增产增值显著。根外追肥可选用易于吸收、养分较齐全的叶面液肥对面喷施。果实迅速膨大期如肥水不足，果实发育不整齐，果个变小，空心，产量明显降低。一般滴灌浇水量10米^3/667米^2，膜上沟灌浇水量12米^3/667米^2，膜下沟灌浇水量20米^3/667米^2。

图7-39　番茄三穗果时除追肥外还要增施叶面喷肥

图7-40　番茄四穗果坐住后一般要打顶

（五）保护地茄子灌溉施肥技术

1. 茄子育苗期水肥需求　苗期如果出现叶片发黄、叶小、

图 7-41 为防止幼苗正常生长发育受到影响应及时喷水

茎细等生长不良的缺肥症状，可在晴天上午10～12时适当追施或喷施少量速效肥料。出苗后苗床的土壤比较干燥时，为防止幼苗正常生长发育受到影响，应适量喷水（图7-41）。在此时期需要磷肥多一些，因为磷肥供应充足，有促进根系发达、茎叶粗壮、提早花芽分化的作用，所以一般把磷肥作为基肥施用。

2. 茄子洇地及定植水 定植前每667米²施入农家肥3000～3500千克或商品有机肥400～450千克、尿素4～5千克、磷酸二铵9～13千克、硫酸钾6～8千克。定植前沟灌1次，灌水量20～25米³/667米²（图7-42）。

茄苗定植成活后2～3天应进行1次浅中耕，中耕松土后浇施1次

图 7-42 定植前采用沟灌每667米² 沟灌 20～25 米³

10%～20%的稀薄粪水。定植缓苗后要结合浇缓苗水进行第一次追肥，即催苗肥，一般施稀人粪尿或每667米²施10～15千克的硫酸铵、尿素等。以后视天气情况7～10天浇施1次稀薄粪水，或结合浇水施肥并于部分植株现小花蕾时停止施肥（图7-43）。此时期需灌水2次，滴灌浇水量10米³/667米²，膜上沟灌浇水量15米³/667

图7-43　茄子苗期浇水施肥并于部分植株现小花蕾时停止施肥

米²，膜下沟灌浇水量20米³/667米²。

　　3.茄子开花期水肥要求　开花后至坐果前，应适当控制水肥供应，以利于开花坐果。若遇干旱灌水要在晴天上午进行，灌水后要加强通风，降低棚内空气湿度。棚内湿度过大易发生各种病害。田间管理的重点是中耕、蹲苗，节制肥水供应，防止因肥水过多引起落花、落果，影响早期产量（图7-44）。滴灌浇水量10米³/667米²，膜上沟灌浇水量15米³/667米²，膜下沟灌浇水量20米³/667米²。

图7-44　茄子花期要控水控肥

　　4.门茄坐果期水肥管理要点　门茄"瞪眼"后进入结果期，门茄开始迅速膨大，应结

图7-45　门茄"瞪眼"后进入结果期，应结合浇水进行第二次追肥

合浇水进行第二次追肥（图7-45），门茄"瞪眼"后，晴天2～3天追施1次30%～40%的人畜粪，雨天土湿时3～4天追施浓度为50%～60%的人畜粪，或在下雨之前埋施尿素和钾肥，尿素和钾肥按1:1的比例混合均匀，每667米^{2}埋施尿素和钾肥共30～40千克。每667米^{2}追人粪尿60千克，或磷酸二铵、复合肥、尿素等15～20千克。滴灌浇水量15米^3/667米^2，膜上沟灌浇水量20米^3/667米^2，膜下沟灌浇水量25米^3/667米^2。

5.对茄坐果期水肥管理要点　门茄膨大、对茄坐果后，应加大水肥量，此期间是营养生长和生殖生长的关键时期，每667米^{2}每次追施尿素11～14千克、硫酸钾7～9千克，对水浇施或埋施后浇水，10天左右追肥1次。采用滴灌的要施水溶性高钾肥。一般滴灌浇水量15米^3/667米^2，膜上沟灌浇水量20米^3/667米^2，膜下沟灌浇水量25米^3/667米^2。

6.四门斗坐果期水肥管理要点　对茄和四门斗相继坐果膨大时是茄子需水高峰期，茄子进入结果盛期，此期要求的肥水量最大。应结合浇水进行第四次追肥，这次是追肥的重点时期，追肥量要大，每10天左右追施化肥1次，一般每667米^{2}施尿素11～14千克、硫酸钾7～9千克，同时增施人粪尿。既能防止

发生"脱肥"现象，又能延缓植株衰老，保持后期产量。结果盛期，应及时摘掉植株下部的部分老叶及黄叶，以利于通风透光。中后期要增施钾肥，少施磷肥，也可喷施磷酸二氢钾和微肥（图7-46）。缺钾植株易感病倒伏，过多施磷肥易引起果实僵硬。一般滴灌浇水量15米^3/667米^2，膜上沟灌浇水量20米^3/667米^2，膜下沟灌浇水量25米^3/667米^2。

图7-46　四门斗坐果期要随水施肥喷施微肥

（六）保护地大椒灌溉施肥技术

1. 大椒育苗期水肥需求　在大椒育苗时，苗床土施足了基肥，育苗阶段一般不追肥，但如果苗床土基肥不足，幼苗生长纤弱，则应结合浇水进行追肥。补充水肥的方法是，选择晴好的天气，在中午进行浇水或施叶面肥（图7-47）。每次浇水肥的量要少，分2～3次浇施，以满足幼苗生长需要为准。一定要防止秧苗徒长，尤其在两片子叶平展到真叶破心期间是最容易徒长的时期，此期一定要严格控温、控水。

2. 大椒洇地及定植水　定植前15～20天每667米^{2}施入农家肥3 000～3 500千克或商品有机肥400～450千克、尿素5～6千克、磷酸二铵13～17千克、硫酸钾7～9千克。定植前沟灌1次，灌水量20米^3/667米^2。定植水滴灌灌水量10米^3/667米^2，膜下沟灌灌水量15米^3/667米^2（图7-48）。

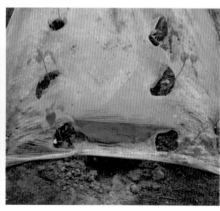

图7-47　大椒苗期一般不浇水施肥干旱时可适当喷水

图7-48　定植水膜下沟灌15米³/667米²

3. 大椒幼苗期水肥管理要点　定植后第三天扶苗补苗，然后浇缓苗水。浇水量不宜过大。缓苗后用碧护5 000倍液＋10%吡虫啉1 500倍液＋12%松脂酸铜1 000倍液均匀喷淋，7～10天1次，共喷2～3次。土壤见干见湿时及时中耕2～3次（图7-49），基肥充足时，可以不施肥。滴灌浇水量10米³/667米²，膜上沟灌浇水量10～15米³/667米²，膜下沟灌浇水量20米³/667米²。

图7-49　大椒在苗期土壤见干见湿时及时中耕

4. 大椒开花坐果期水肥管理要点　在开花坐果期间，根据苗情控水控肥（图7-50），如果苗情弱也可轻施肥，以促秧棵健壮。遇干旱，滴灌灌水量8～10米³/667米²，膜上沟灌灌水量10～15米³/667米²，膜下沟灌浇水量15米³/667米²。

5.大椒结果期水肥管理要点　门椒坐住以后，开始灌水，以后可经常保持土壤湿润，使植株果实同长（图7-51）。如果门椒没坐住以前就灌水，不但降低土温，影响缓苗，也容易造成徒长，延迟坐果。此阶段为开花后至第一次采收前，施肥的主要作用是促进植株分枝、开花、坐果。一般每667米²可施入二

图 7-50　大椒开花坐果期要控水控肥

成稀畜粪尿 7 500 千克或每 667 米² 施尿素 9 ～ 10 千克、硫酸钾 7 ～ 8 千克，3 ～ 5 天追施 1 次。浓度不宜太高，分量也不宜过

多，否则易导致徒长，引起落花；过低则导致植株缺肥，满足不了植株分枝、开花、坐果的需要。滴灌灌水量 10 米³/667 米²，膜上沟灌灌水量 10 ～ 15 米³/667 米²，膜下沟灌浇水量 20 ～ 25 米³/667 米²。

对椒膨大期追施尿素 12 ～ 14 千克、硫酸钾 7 ～ 8 千克，也可施含氮磷、钾水溶性肥料，随水冲施（图7-52）。

图 7-51　门椒坐果后及时灌溉施肥

四门斗膨大期每 667 米^{2}施尿素 9 ~ 10 千克、硫酸钾 7 ~ 8 千克。出现缺钙、缺镁或缺硼症状时,可叶面喷施 0.3% 氯化钾、1% 硫酸镁或 0.1% ~ 0.2% 硼砂水溶液 2 ~ 3 次(图 7-53)。早春温室、大棚也可增施二氧化碳气肥。

进入盛果期,天气逐渐进入高温干旱时期、大椒枝叶繁茂,叶面积大,水分蒸发多,要求较高的土壤湿度,理想的土壤相对湿度为 80% 较好,每隔 7~10 天应进行灌溉(图 7-54)。此时期需灌水 6 次,滴灌浇水量 10 米^3/667 米^2,膜上沟灌浇水量 15 米^3/667 米^2,膜下沟灌浇水量 20 米^3/667 米^2。

图 7-52　对椒膨大期随水施肥

图 7-53　四门斗膨大期除施大量元素外还要喷施微肥

图 7-54　大椒进入盛果期枝叶繁茂叶面积大每隔 7 ~ 10 天应进行灌溉 1 次

（七）保护地白萝卜灌溉施肥技术

1. 白萝卜育苗灌溉技术

白萝卜以富含腐殖质、土层深厚、排水良好、疏松通气的沙质土壤为最好。土壤的 pH 值 5.3 ~ 7 为宜。在白萝卜的整个生长期中，对元素的吸收量以钾最多，磷次之。萝卜适合在沙质壤土、壤土、轻黏质壤土栽培。在营养生长期内，萝卜对氮、磷、钾的吸收比率，除发芽期之外，在其他各生长阶段均是钾的吸收量占第一位，其次是氮，而磷最少。相对而言，吸收氮、磷、钾的数量，在肉质根膨大盛期最多，所吸收的氮、磷、钾的比例为 2.0∶1.0∶2.3。一般要求施足基肥，用农家肥加过磷酸钙充分堆沤腐熟，每 667 米^{2}用量 3 000 千克，并施复合肥 35 千克，一次性施入翻耕，要求土层深耕 25 厘米以上，打碎耙平，做到土壤疏松，细碎均匀，耙平后覆膜保墒（图 7-55 和图 7-56）。

图 7-55 土层深耕 25 厘米以上打碎耙平

图 7-56 耙平后覆膜保墒

萝卜发芽期、幼苗期需水不多，但夏秋及秋季栽培，适时浇水不仅有利于出苗整齐，而且可降低地表温度，避免高温灼伤芽

图 7-57　萝卜发芽期幼苗期
需水不多要保持湿度

苗而感病毒病（图 7-57）。充分浇水，土壤含水量在 80% 以上，以保证出苗快而齐。发芽期浇水在畦高的 2/3，保持水能洇到畦顶。一般每 667 米^{2}灌溉 25 ~ 30 米^3。

幼苗期根浅水少，但必须保证水分供应，土壤含水量 60% 左右，掌握少浇勤浇的原则，在破肚前要蹲苗，以便使直根下扎（图 7-58）。每 667 米^{2}灌溉 15 ~ 20 米^3。

肉质根膨大前期需水量增加，可适当浇水（图 7-59）。第二叶环的叶片大部展出时，应适当控制浇水，以防叶部徒长。

肉质根膨大盛期是需水最多的时期，应及时供水，有利于提高产量和质量（图 7-60）。土壤相对湿度保持在 70% ~ 80%、空气相对湿度 80% ~ 90% 为

图 7-58　萝卜在破肚前要蹲苗
掌握少浇勤浇的原则

宜。直到生长后期仍需浇水，以防空心。如果过量供水、土壤含水量长期偏高，则土壤通气不良，将使肉质根的皮孔和根痕增大，从而影响其商品品质。若土壤水分长期不足，则肉质根生长缓慢，肉质粗，味辣，早熟品种易糠心。此外，在肉质根膨大盛期，如

土壤干、湿骤变，则易造成肉质根开裂。从品种差异看，一般"露身型"品种耐旱性较差，"隐身型"品种较耐旱，但不耐涝。

图7-59　肉质根膨大前期需水量增加可适当浇水

图7-60　萝卜肉质根膨大期需水量较大，及时浇水有利于提高产量和质量

（八）保护地胡萝卜灌溉施肥技术

1. 胡萝卜播前灌溉施肥技术　胡萝卜施肥以基肥为主，追肥为辅（图7-61）。不同地区因土壤肥力差异，追施的肥料数量和次数不同。胡萝卜不同时期对肥料的要求有所不同，地上部旺盛生长期对氮肥的需求多，施用适量的速效氮肥促进地上部生长，但也要防止氮肥过多引起地上部徒长；肉质根膨大期是产品器官的形成时期，肥水需求量大，追施磷、钾为主的复合肥有利于肉质根的膨大，增产效果十分显著；生殖生长期，以磷、钾肥为主，防止使用过多氮肥，造成徒长，使花期延后。通常每生产1 000克胡萝卜产品约吸收氮3.2克、磷1.3克、钾5克，其比例大约为2.5∶1∶4。

播种时保持土壤潮湿，促使种子发芽和出苗整齐。幼苗期和叶生长盛期，见干见湿，既要保证地上部正常生长，又要增加土壤透气性，促使直根发育良好（图7–62）。遇干旱每667米²灌溉量15米³左右。

图7–61　胡萝卜施肥以基肥为主、追肥为辅

图7–62　胡萝卜幼苗期和叶生长盛期见干见湿

2. 胡萝卜后期灌溉施肥管理技术　肉质根膨大期是需要水量最多的时期，做到均匀浇水，以满足肉质根膨大的需要，也要防止灌溉量的剧烈变化造成裂根。胡萝卜一般在肉质根采收前10～15天停止浇水，减少开裂，利于贮运。

（九）常见露地叶菜灌溉施肥技术

1. 露地油菜灌溉施肥技术　油菜根系浅，吸水能力弱，但叶片较大，蒸腾作用较强，要保持土壤较大的湿度才能满足其生长需求。如果水分不足，则叶片发黄、组织老化，生长缓慢，品质下降。

油菜对肥水的需求量以土壤中的氮最多，磷、钾次之。幼苗期生长对肥水需要量较少，3叶1心以前一般不浇水施肥，3叶1心以后生长旺盛期对肥水需要量较多（图7–63）。浇水施肥因天气而定，气温高时每隔5～7天浇1次水，每次浇水25～30米³/667

米^2，并追施氮肥15千克/667米^2。氮肥对油菜产量和品质的影响很大，在施肥过程中以尿素和硫酸铵、硝酸铵效果较好。

早春露地油菜，北京地区一般于3月下旬播种，播种前视土壤墒情，浅水造墒，待水渗后播种。每667米^{2}灌水量5～10米^3。

苗期需水较少，一般情况下不旱不浇水，定完苗后，在

图7-63　油菜3叶1心以后生长旺盛期对肥水需要量较多

生长期间浇水3～4次，每次浇水15～25米^3/667米^2，浇水要选晴天上午进行（图7-64）。收获前15天左右随水追1次肥，每667米^{2}施尿素20～25千克或硫酸铵20千克。

秋茬露地油菜，北京地区适宜7月中下旬至8月中旬播种。播种出苗后至4叶1心定苗时，这时期由于气温较高，要小水勤浇，禁止大水漫灌，主要是降低地温，防止病毒病的发生。进入生长期视土壤墒情进行浇水，一般浇3～4次水，每次浇水15～25米^3/667米^2（图7-65）。待收获前15天左右时，随水追施1次化肥，以氮肥为主，每667米^{2}施尿素20～25千克或硫酸铵20千克。

图7-64　浇水要选晴天上午进行

图7-65　每667米^{2}灌水量25米^3

2. 露地菠菜滴灌溉肥技术　菠菜对水分的要求比较高。在空气相对湿度为80%～90%、土壤含水量为18%～20%的环境中，叶部生长旺盛，品质柔嫩。空气和土壤干燥使叶部生长缓慢，组织老化，纤维增多，品质下降。

春菠菜播种早，土壤化冻7～10厘米深即可进行。整地施肥均在上年秋上冻前进行。每667米²撒施有机肥4 000～5 000千克，深翻20～25厘米，耙平做畦（图7-66）。

春菠菜从幼苗出土到2片真叶展平一般不灌肥水，有利于提高地温和根系活动，吸收土壤中的营养物质，并保持良好透气性。幼苗进入旺盛生长期，光合作用增强，根系吸肥水量大，每667米²随水追施硫酸铵15～20千克，浇水量20～25米³/667米²（图7-67）。

图7-66　播种前撒施有机肥深翻20～25厘米耙平做畦　　　　图7-67　春菠菜幼苗旺盛生长期每667米²灌溉25米³水

秋菠菜播种期处于高温多雨季节，每667米²施有机肥4 000～5 000千克、过磷酸钙25～30千克，翻地20～25厘米深，做高畦或平畦。幼苗前期根外追肥1次，喷施0.3%尿素或液体肥料；幼苗长有4～5片叶时，每667米²随水追施硫酸铵20～25千克或尿素10～12千克1～2次，每次灌水25米³/667

米^2，以促进叶片迅速生长。

3.露地大白菜灌溉施肥技术

（1）出苗期　要求较高的土壤湿度。土壤干旱，萌动的种子很易出现"芽干"死苗现象。所以播种时要求土壤墒情要好，播种后应及时浇水，浇水量 15 米^3/667 米^2，此期土壤相对湿度应保持在 85%～90% 为宜（图 7-68）。

（2）幼苗期　此期正值高温干旱季节，为了降温防病浇水要勤，一定要保持土表湿润，通常要求是"三水齐苗，五水定棵"。此期土壤相对湿度应保持在 80%～90% 为宜，浇水量 20～25 米^3/667 米^2（图 7-69）。

图 7-68　大白菜出苗期
要求较高的土壤湿度

图 7-69　大白菜苗期高温干旱，
浇水量 25 米^3/667 米^2

（3）莲座期　此期大白菜生长量增大，为了促进根系下扎，需根据品种特性和苗情适当控制浇水，此期土壤相对湿度以 75%～85% 为宜。蹲苗以后，因土壤失水较多，蹲苗前又施了较多肥料，需连续浇 2 次水。莲座期浇水量 25～30 米^3/667 米^2（图 7-70）。

（4）包心期　此时期生长量为全重的 70%，需水量更多，一般 7 天左右浇 1 水，应保持地皮不干，要求土壤相对湿度为 85%～94%。此期如果缺水不但影响包心还易发生"干烧心"。

但也不宜大水漫灌，否则积水后易感染软腐病。包心期浇水量15 ~ 20 米^3/667 米^2（图 7-71）。

图 7-70　大白菜莲座期浇水量 25 ~ 30 米^3/667 米^2

图 7-71　大白菜包心期要勤浇少浇，浇水量 15 米^3/667 米^2

总之，大白菜的追肥应掌握的原则是：苗期轻施，莲座期和结球期重施。肥源多的可追 3 ~ 4 次，但至少要追 2 次。追肥应根据地力和基肥情况而定，在地力不足和基肥少的情况下应重点抓"莲座肥"和包心前的"关键肥"。

4. 露地娃娃菜灌溉施肥技术　采用直播的方式，每 667 米^{2}施腐熟过筛有机肥 3 000 千克、40 千克磷酸二铵，精细整地，整平后做成 1.5 米宽的平畦（图 7-72）。适墒情洇地，每 667 米^{2}灌溉 20 ~ 25 米^3。按 15 ~ 20 厘米的株行距划沟播种，覆土 1 厘米。

（1）苗期管理　3 ~ 5 片叶时，雨前在植株附近撒施提苗肥，一般每次追施尿素 5 千克，浇水量 10 ~ 15 米^3/667 米^2（图 7-73）。

（2）莲座期管理　结合浇水及时追施发棵肥，每 667 米^{2}施尿素 15 千克，并保持土壤湿润，以促进叶片快速生长（图 7-74）。每次浇水后适时中耕，用 80% 代森锰锌可湿性粉剂 700 倍液防治大白菜霜霉病和黑斑病。莲座期浇水量 15 米^3/667 米^2。

（3）结球期管理　进入结球期后，娃娃菜生长非常迅速，结合浇水每 667 米^2 再开穴或随水追施氮磷钾复合肥 25 千克。生长期间叶面喷肥 3 次，用 0.3% 磷酸二氢钾加 0.5% 尿素混合喷施。并用 72% 农用链霉素可溶性粉剂 5 000 倍液防治软腐病，发现病株，立即拔除。结球期浇水量 20 米^3/667 米^2（图 7-75）。

图 7-72　精细整地整平后做成 1.5 米宽的平畦

图 7-73　娃娃菜苗期随水追施尿素

图 7-74　娃娃菜结合浇水及时追施发棵肥

图 7-75　结球期娃娃菜生长非常迅速，浇水量 20 米^3/667 米^2

5.露地大葱灌溉施肥技术　　大葱浇水一般规律是：春、秋季节，大葱生长快，需水量大，浇水要多；大葱生长盛期需水量大，浇水要多；小葱栽培，小葱密度大、生长速度快，需水量大，浇水要多、要勤；浇水要与施肥相结合，施肥后都要及时进行浇水。

大葱水插定植前浇插苗水，一般浇水量30米^3/667米^2。大葱旱摆定植，定植后浇稳苗水，一般浇水量25米^3/667米^2。大葱定植缓苗后，进入高温多雨季节，大葱生长量较小，应控制浇水，注意雨后及时排涝，防止大葱因积水而烂根死株（图7-76）。

立秋后随着气温的下降，大葱生长速度加快，对水分的需要量增加，要注意及时浇水（图7-77）。立秋时结合追肥、平沟、浇1次透水，一般浇水量20～25米^3/667米^2；处暑时结合第二次追肥，一般浇水量15～20米^3/667米^2；白露和秋分再各追施1次肥、培1次土浇1次水，一般浇水量20米^3/667米^2；白露以后大葱进入葱白形成期,需水量较大，每6～7天浇1次水，每次水都要浇透，相邻两次水之间要保持地皮不见干，一般浇水量30米^3/667米^2。收刨前1周停止浇水，浇水后立即收刨的大葱不耐贮存。

图7-76　大葱进入高温多雨季节应控水

图7-77　大葱进入葱白形成期需水肥较大，要及时灌溉

6. 露地甘蓝灌溉施肥技术 秋甘蓝品种一般 6 月底至 7 月初进行育苗，国庆节前后即能陆续上市。苗床应选地势平坦、排灌方便、土壤肥沃的田块，畦面中间稍凸，以防积水。播前灌足底水。

秋甘蓝栽培气温较高，雨水较多，甘蓝容易发生病害。在栽培时注意定植前施足基肥，每 667 米^2 用腐熟有机肥 2 500～3 000 千克，尿素、磷酸二铵各 10 千克。定植应掌握在播种后 30 天左右，

图 7-78　甘蓝苗期要浇缓苗水

幼苗达 5～6 片真叶时进行，一般每 667 米^2 栽植 4 000 株左右。定植要选在阴天或下午，定植后灌 1 次透水，一般浇水量 25 米^3/667 米^2。1 周后，结合浇缓苗水，每 667 米^2 追施尿素 5～8 千克、磷酸二铵 5 千克，以促进新根生长，提高前期幼苗抗逆、抗病能力（图 7-78），一般浇水量 20 米^3/667 米^2。

当甘蓝进入莲座中期时，每 667 米^2 追施尿素、磷酸二铵各 10～15 千克。结球初期，每 667 米^2 追施尿素和磷酸二铵各 15 千克，以促进叶球迅速膨大。灌溉以沟灌渗透畦土的方法为好，浇水量 25 米^3/667 米^2，并要及时排放积水（图 7-79）。

甘蓝进入包心前和叶球生长期，每 667 米^2 施用复合肥 10～15 千克，浇水量 20

图 7-79　甘蓝进入莲座期要及时灌溉，浇水量 25 米^3/667 米^2

米^3/667 米^2（图 7-80）。结球后期控制灌溉量，若需灌溉应在温度低的早晨或傍晚进行。

7. 露地花椰菜灌溉施肥技术 花椰菜采用育苗移栽法种植，苗期生长所需的养分均来自加入苗床土和分苗营养土内的有机肥和少量速效化肥。定植前要保证墒情，一般浇水量 30 米^3/667 米^2；定植后浇缓苗水，一般浇水量 10 ～ 15 米^3/667 米^2（图 7-81）。

图 7-80 甘蓝进入结球前期浇水量 20 米^3/667 米^2

（1）莲座期追肥 花椰菜缓苗后生长进入莲座期，在施足基肥的基础上，随水冲施少量化肥：尿素 10 千克/667 米^2，磷酸二氢钾 5 千克/667 米^2，浇适量人粪尿。浇水量 15 ～ 20 米^3/667 米^2（图 7-82）。

图 7-81 花椰菜定植后浇缓苗水，浇水量 10 ～ 15 米^3/667 米^2

图 7-82 花椰菜进入连座期，浇水量 15 ～ 20 米^3/667 米^2

（2）第一次结球肥　花球直径增至 3 厘米左右时，追第一次结球肥：硫酸铵 10 ~ 25 千克 /667 米 ^{2}，硫酸钾 5 千克 /667 米 ^{2}，结合浇水进行，浇水量 15 米 ^{3}/667 米 ^{2}。

（3）第二次结球肥　在结球中期进行，施尿素 5 ~ 15 千克 /667 米 ^{2}，浇人粪尿 1 次，浇水量 20 米 ^{3}/667 米 ^{2}（图 7-83）。

（4）第三次结球肥　一般早、中熟品种不需第三次追肥，晚熟品种追 3 次肥为好（图 7-84），用量与第二次相同，浇水量 20 米 ^{3}/667 米 ^{2}。

图 7-83　花椰菜结球中期浇水量 20 米 ^{3}/667 米 ^{2}　　图 7-84　花椰菜晚熟品种还需再浇 1 次水

8. 露地芹菜灌溉施肥技术　芹菜一生中需水量较大，不耐干旱，要求有充足水分供应，使产品鲜嫩。如生长过程中缺水，则叶柄中厚壁组织加厚，纤维增加，甚至植株易空心、老化（图 7-85），所以芹菜应种植在保水性较强的土壤上。芹菜对土壤的适应较强，但在含有有机质丰富、保水保肥性好的壤土上生长良好。芹菜要求营养较完全的肥料，吸收氮、磷、钾的比例为 3：1：4。

露地春茬芹菜苗期水分不宜过多（图 7-86），定植前每 667 米 ^{2} 施充分腐熟的优质有机肥 4 000 ~ 5 000 千克，同时增施磷酸二氢铵 25～30 千克、硫酸钾 10～15 千克，再施 1 千克硼肥，做成 1～1.5 米宽的平畦，浇水量 5～10 米^3/667 米^2(图 7-87)。

当心叶开始生长之后，大量侧根长出，吸收水肥量加大，要增加浇水施肥次数。每隔 5～7 天浇 1 次水，浇水量 20～25 米^3/667 米^2，保持土壤湿润(图 7-88)。隔 1 次水追 1 次肥，最好是化肥和稀粪交替追施。化肥以尿素、硫酸铵为主，每 667 米^2 每次施 15 千克左右，同时注意每 667 米^2 还要施 15～20 千克钾肥。

图 7-85　芹菜缺水状态

图 7-86　芹菜苗期水分过多状态

图 7-87　芹菜幼苗期生长状况

图 7-88　芹菜心叶生长后
每隔 5～7 天浇 1 次水

9. **露地生菜灌溉施肥技术** 生菜在不同的生育时期对水分的要求不同，幼苗期不能干旱，也不能过湿，以免幼苗老化或徒长；莲座期要适当控水。结球期要求水分充足，缺水则叶球小，味苦；水大、过湿易导致软腐病、菌核病发生。

露地结球生菜定植前浇足底水，待水渗后播种。定植前施足基肥，每 667 米^2 施充分腐熟优质农家肥 4 000 ~ 5 000 千克，掺入过磷酸钙 50 千克，撒施后深翻。做畦时每 667 米^2 沟施氮磷钾复合肥 30 ~ 40 千克或磷酸二铵 30 ~ 40 千克。最好做成小高畦，畦高 10 ~ 15 厘米，宽 60 厘米（图 7–89）。

图 7–89　高畦种植生菜

畦做好后有条件的覆盖银灰色地膜，起到避蚜、降温、除草的作用。地势高、排水方便的地方也可做成宽 1 ~ 1.5 米的平畦（图 7–90）。

定植后 5 ~ 7 天浇缓苗水，一般浇水量 15 米^3/667 米^2。以后每隔 3 ~ 4 天浇 1 次水，保证土壤见干见湿，一般浇水量 15 ~ 20 米^3/667 米^2。结合浇水根据长势分期追施氮磷钾复合肥，即定植后 15 ~ 20

图 7–90　平畦种植生菜

**图 7-91　生菜莲座期每 667 米^2
灌溉 20 米^3 水**

天，进入莲座期和结球期随水各施肥 1 次，浇水量 20 米^3/667 米^2，施肥 15～20 千克/667 米^2，采收前停止浇水（图 7-91）。

10. 露地油麦菜灌溉施肥技术　油麦菜在幼苗期不能干旱，也不能过湿，以免苗老化或徒长。发棵期要适当控水，缺水则叶小，味苦；水大、过湿易导致软腐病、菌核病发生。露地栽培时根据天气、苗情适时浇水追肥。

油麦菜定植前每 667 米^2 施腐熟有机肥 3 500～4 000 千克、磷肥 20～25 千克、氮肥 40～50 千克、钾肥 10～15 千克。浇保墒水 30 米^3/667 米^2。油麦菜生长前期、中期使用 0.3% 磷酸二氢钾、尿素溶液进行叶面喷施 3～4 次。整个生长期追肥 2～3 次，每 667 米^2 施尿素 5～10 千克或硫酸铵 10 千克，浇水时冲入，前期浇水量 15 米^3/667 米^2，中期视土壤墒情而定，要控水控肥以免蹿梃（图 7-92 和图 7-93）。

11. 露地茼蒿灌溉施肥技术　茼蒿属于浅根性

**图 7-92　油麦菜生长前期
浇水量 15 米^3/667 米^2**

蔬菜，生长速度快，单株营养面积小，要求有充足的水分供应。土壤需经常保持湿润，土壤相对湿度70%～80%、空气相对湿度85%～95%为宜。水分不足会使茎叶纤维多，品质变劣。

图7-93　油麦菜中期浇水量10米^3/667米^2

茼蒿对土壤要求不甚严格，但以肥沃的壤土、pH值为5～6最适于茼蒿的生长。由于其生长期短，且以茎叶为产品，故需适时追施速效氮肥。

保护地播种后要保持地面湿润，以利于出苗，出苗后一般不浇水，以促进深扎根，并且湿度大、温度低，易发生猝倒病。长出8～10片叶时，选择晴暖天气浇1次水，结合浇水追1次肥，追施硫酸铵15～20千克/667米^2，浇水量10米^3/667米^2（图7-94）。

生长期浇水2～3次，注意每次都选择晴暖天进行，水量不能过大，浇水量10～15米^3/667米^2。湿度控制在95%以下，湿度大时选晴天高温中午通

图7-94　茼蒿生长前期浇水量10米^3/667米^2

风排湿，防治病害的发生。

12. 露地香菜灌溉施肥技术　种植前每667米^{2}施优质腐熟

有机肥 4 000 千克、45% 蔬菜配方肥 50 千克，撒施后深耕 20 厘米，浇保墒水 30 米³/667 米²，整地做畦播种。一般在苗期不需浇水，进入生长盛期，选择晴天随浇水追施 20 千克蔬菜配方专用肥 /667 米²，浇水量 20～25 米³/667 米²。后期要控水，采收前 20 天停止追肥。播种后 50 天左右，植株达 20～30 厘米时即可收获上市（图 7-95）。

图 7-95　香菜生长后期要控水

八、果树节水灌溉技术

（一）果园覆盖保墒技术

1. 生草覆盖保墒技术

（1）生草技术优点　果园生草是指人工全园种草或行间带状种草，也可以是除去不适宜种类杂草的自然生草。果园生草具有以下优点：一是可以改良土壤、增加土壤有机质、提高土壤肥力。二是增加土壤水分，有效防止水土流失。三是可以改善果树生长环境。生草覆盖技术可以有效抑制杂草生长，减少病虫害发生与危害；调节地表温度，冬季增温，夏季降温，有利于果品质量提高。四是可以提高光合速率，增加果树产量、提高品质。五是可以利用间作的饲草进行果草牧复合发展，提高综合经济效益。六是可以减少中耕和改善果园的小气候，降低农药使用，有效降低生产成本（图8-1）。

（2）人工生草种类根据果园土壤条件和果树树龄大小选择适合的生草种类。可以是单一的草种

图8-1　果树行间生草覆盖

类，也可以是两种或多种草混种。通常选用白三叶、黑麦草等。白三叶草根瘤菌有固氮能力，能培肥地力，而且是很好的饲料，

是很好的生草种类。

（3）人工生草管理技术

①整地。将果园杂草及杂物清除，翻地 20 ～ 25 厘米深，整平耙细，加施基肥，墒情不足应补墒（图 8-2）。

②播种。可采用全园生草或行间生草株间覆盖；可单播也可混播（如白三叶与多年生黑麦草按 1：2）。播深 0.5 ～ 1.5 厘米。土地平坦、土壤墒情好的果园，适宜用直播法，即在果园行间直播草种子。分为秋播和春播，春播在 3 ～ 4 月份播种，秋播在 9 月播种，直播法的技术要求为：进行较细致的整地，然后灌水，墒情适宜时播种。可采用沟播或撒播，沟翻先开沟，播种覆土；撒播先播种，然后均匀在种子上面撒一层干土。出苗后及时去除杂草，此方法比较费工。通常在播种前选用在土壤中降解快的和广谱性的除草剂处理，如百草枯在潮湿的土壤中 10 ～ 15 天失效。也可播种前先灌溉，诱杂草出土后施用除草剂，过一定时间再播种（图 8-3）。

图 8-2　补足墒情

图 8-3　播　种

果园生草通常采用行间生草，生草带的宽度应以果树株行距和树龄而定，幼龄果园行距大生草带可宽些，成龄果园行距小生草带可窄些。果园以白三叶和早熟禾混种效果最好。全园生草应选择耐阴性能好的草种类。

③幼苗期管理。出苗后，根据墒情及时灌水，随水施些氮肥，及时去除杂草，特别是注意及时去除那些容易长高大的杂草。有断垄和缺株时要注意及时补苗。东北、华北地区冬季要覆膜或覆盖杂草保温，以防冻苗。

2．地膜覆盖保墒技术

（1）提高土壤温度　春季低温期间白天受阳光照射后，地膜下 0～10 厘米深的土层内可提高温度 1℃～6℃，最高可达 8℃以上。进入高温期，若无遮荫，地膜下土壤表层的温度可达 50℃～60℃，土壤干旱时，地表温度会更高。但在有作物遮荫时，或地膜表面有土或淤泥覆盖时，地温只比露地高 1℃～5℃；土壤潮湿时地温还会比露地低 0.5℃～1℃，最高可低 3℃；夜间由于外界冷空气的影响，地膜下的土壤温度只比露地高 1℃～2℃。地膜覆盖的增温效应因覆盖时期、覆盖方式、天气条件及地膜种类不同而异（图 8-4）。

（2）减少土壤水分蒸发 地膜覆盖可减少土壤水分蒸发，保持湿润，有利于根系生长（图 8-5）。在旱区可采

图 8-4　果园覆盖保墒提高温度

用人工造墒、补墒的方法进行抗旱播种。在较旱的情况下，0～25 厘米深的土层中土壤含水量一般比露地高 50% 以上。

（3）提高土壤养分利用率　有利于土壤微生物的增殖，加速腐殖质转化成无机盐的速度，有利于作物吸收。据测定，覆盖地膜后速效性氮可增加 30%～50%，钾增加 10%～20%，磷增加

20%～30%。地膜覆盖后可减少养分的淋溶、流失、挥发（图8-6）。

（4）增强光合作用 地膜覆盖后，中午可使植株中、下部叶片多得到12%～14%的反射光，比露地增加3～4倍的光量，因而可以使树干下部的果实着色好，花朵鲜艳。可以是中下部叶片的衰老期推迟，促进干物质积累，故可提高产量（图8-7）。

（5）防治杂草 地膜与地表之间在晴天高温时，经常出现50℃左右的高温，致使草芽及杂草枯死（图8-8）。在盖膜前后配合使用除草剂，更可防止杂草丛生，可减去除草所占用的劳力。但是，覆膜质量差或不施除草剂也会造成草荒。覆盖地膜后由于植株生长健壮，可增强抗病性，减少发病率。覆盖银灰色反光膜

图8-5 果园覆盖保墒可减少水分蒸发

图8-6 果园覆盖墒提高养分利用率

图8-7 果园覆盖保墒提高光合作用

图8-8 果园覆盖保墒可防治杂草

图 8-9　果园枝条覆盖

有避蚜作用，可减少病毒病的传播危害。

3. 树枝粉碎覆盖　秋季果树剪枝，可将剪下的枝条经粉碎机粉碎，把粉碎的枝条铺在树下，既可保墒，又可增加土壤有机质的含量。树枝粉碎覆盖是果园节水覆盖的极好方法，目前已有许多果园采用了这种办法（图 8-9）。

（二）果园保水剂应用技术

以树冠的投影为准，沿其投影线边缘挖宽为 10～15 厘米的长条坑，深度以露出部分根系为准。坑与坑间距为 50～60 厘米，将距坑低 10 厘米处的土与保水剂拌匀，回填后充分灌水，再将剩余部分回填压实，能充分利用水资源，保墒增产（图 8-10）。每棵果树施用 50 克左右。如果与肥料同时基施，建议将肥料置于保水剂之上，肥料与保水剂间用土隔开。

图 8-10　果园施用保水剂